失落的致富经典

[美] 华莱士 · 沃特尔斯◎著
陈一维◎译

江西美术出版社
JIANGXI FINE ARTS PUBLISHING HOUSE

图书在版编目（CIP）数据

失落的致富经典 / (美) 华莱士・沃特尔斯 (Wallace Wattles) 著 ; 陈一维译 . -- 南昌 : 江西美术出版社， 2017.5（2019.8 重印）

ISBN 978-7-5480-4329-4

Ⅰ . ①失… Ⅱ . ①华… ②陈… Ⅲ . ①成功心理－通俗读物 Ⅳ . ① B848.4-49

中国版本图书馆 CIP 数据核字（2017）第 033455 号

出 品 人：周建森
企　　划：北京江美长风文化传播有限公司
策　　划：北京兴盛乐书刊发行有限责任公司
责任编辑：王国栋　朱鲁巍　康紫苏
版式设计：阎万霞
责任印制：谭　勋

失落的致富经典

作　　者：(美) 华莱士・沃特尔斯
译　　者：陈一维

出　　版：江西美术出版社
社　　址：南昌市子安路 66 号江美大厦
网　　址：http：//www.jxfinearts.com
电子信箱：jxms@jxfinearts.com
电　　话：010-82093808　　0791-86566124
邮　　编：330025
经　　销：全国新华书店
印　　刷：北京柯蓝博泰印务有限公司
版　　次：2017 年 5 月第 1 版
印　　次：2019 年 8 月第 3 次印刷
开　　本：880mm × 1280mm　1/32
印　　张：7
ISBN 978-7-5480-4329-4
定　　价：26.80 元

献词

献给那些终日在薪水与账单中打转的人。世界上没有穷人，只有找不到致富路径的人！

世界级畅销书《秘密》的灵感源泉，《秘密》背后的**“终极秘密”**

美国专业励志培训界秘而不宣的**创富经典**

改变千万人命运的**大脑潜能训练读本**

影响了世界著名财富励志大师**拿破仑·希尔、奥格·曼狄诺、罗伯特·清崎**等

包括**亨利·福特、比尔·盖茨**在内的几代美国人受益终生

《失落的致富经典》与《思考致富》《世界上最伟大的推销员》并称**世界三大财富著作**

我看见一个至大的秘密——生命的秘密。从女儿海莉给我的一本百年古书《失落的致富经典》中，我发现了它。我问自己：“为什么不是每个人都知道呢？”心中充满与世人分享的强烈渴望……

——《秘密》作者 朗达 · 拜恩

谈到财富，你不能不提到华莱士 · 沃特尔斯。

——《思考致富》作者、著名励志大师 拿破仑 · 希尔

财富教育的第一本励志书。

——畅销书《心灵鸡汤》作者 马克 · 汉森

如果你有幸读过《失落的致富经典》，却没有被洗脑，也没有成为富人，那可真是一件人生的憾事。

——福特汽车公司总裁 亨利 · 福特

这本书只需要一天就可以读完，但需要你用一生的时间去体会。仔细研读它，我保证你会成功。

——畅销书《天生富豪》作者 罗伯特 · 布鲁克特

生命的意义就是自我发展。因此，所有生命都拥有一种不可剥夺的权利：那就是实现自身最大可能的发展。

致富不在于你是否能做一些别人无法去做的事情。致富是按照正确的方式做事的结果。

当疾病缠身时，思考健康；当身处贫穷时，思考财富。要达到这样的境界是需要力量的。但是，拥有这种力量的人才是自己的主人，他可以掌握自己的命运，并将得到自己想要的一切。

极度的无私和极度的自私都将造成生命的缺失，前者并不比后者更为美好高尚。

放任自己的思想关注阴暗的事情，你自己也将变得阴暗。并且，阴暗的事情将越来越多地围绕在你身边。相反，把你的注意力全部集中在光明的事情上，光明的事情就将包围你，你也将变成积极向上的人。

所有的美好愿望只为相信它们的人而存在，亦只存在于坚信其终将实现的心灵中。

你的进步只会来自于你对自己的超越，而超越的前提正是把自己的能力发挥到极致。

在任何行业里，你都有取得成功的潜能，因为你可以培养和发展任何工作所需要的基本才干。

在做每一件事时，都要传递给别人你在不断进步的印象。这样，所有与你交往的人都能感觉到你是一个不断进取的人，也是一个能够推动他们不断进步的人。

一个人获得财富的多少，将与他愿望的清晰程度、决心的坚定程度、信念的稳定程度和感激的深入程度，完全成正比。

对人的最大考验，是在他最幸运的时刻。

人的最大幸福在于，他能给他所爱的一切提供助益。

工薪阶层，无论作为个人还是整体，都没有被剥夺致富的机会。他们之所以贫穷，不是因为雇主的剥削，也不是因为大企业和大富豪的压制，这些都不可能真正阻止他们。他们没能致富的根本原因在于：他们没有以正确的方式做事。

财富不会自然而然地在宇宙中出现并来到你的眼前，财富要靠创造实现。

梦想的世界只是现实的前奏，你的全部决心正是要把梦想变成现实。

我们不仅要以正确的方式思考，还要以正确的方式行动。思想和行动必须有机地结合在一起。只有把你已经熟知的理念和方法付诸实践，才能最终实现创造财富的目的。

不要苛求十全十美的机会。如果眼前出现一个机会，它能改善你的处境，并且对你有充分的吸引力，那就抓住它，迈出第一步。请相信，只要迈出第一步，你将会发现，更大的机会已经逐步展现在你的面前。

当你接手一项新工作时，不要犹豫和退缩，不要担心自己能力不足而无法胜任。坚持奋斗下去，当你踏上一个台阶，相应的才识就会把你武装起来。

心存感激的人常常把注意力锁定在最美好的事物上，这样，他就逐渐变成最成功和最优秀的人。没有感激之情，你将没有力量。因为，把你与力量联系在一起的，正是感激之情。

译者序
Translator order

获取财富与成功的思维法则

华莱士·沃特尔斯，是美国伟大的成功学作家先驱、美国“新思想运动”创始人之一。从青年时代开始，华莱士·沃特尔斯就开始研究哲学和宗教信仰，他广泛涉猎笛卡尔（Descartes）、斯宾诺莎（Spinoza）、莱布尼兹（Leibniz）、叔本华（Schopenhauer）、黑格尔（Hegel）、斯韦登伯格（Swedenborg）、爱默生（Emerson）等人的思想，并由此发现了可应用于个人的、获取财富、幸福与成功的力量。华莱士·沃特尔斯将自己的研究发现整理成书，这就是《失落的致富经典》，书中华莱士用他激昂而充满智慧和力量的文字，分享追求幸福与成功的秘密，并彻底改变了人们的思想和生活。一百年来诞生的具有影响力的成功学大师，如戴尔·卡耐基、拿破仑·希尔、奥格·曼狄诺、安东尼·罗宾等都深受本书的影响，而包括亨利·福特、比尔·盖茨等几代美国企业家也深受华莱士“致富法则”的启发和影响。

近年来，朗达·拜恩和她的《秘密》又使华莱士·沃特尔斯的创富智慧重新引起了世人的注意。朗达·拜恩是澳大利亚脱口秀电视节目制作人，当时她正处在人生的低谷中，生活和事业一团糟。改变的契机却在这时出现了！她的女儿拿了一本华莱士·沃特尔斯的《失落的致富经典》，给迷惑困顿中的母亲看。朗达·拜恩意外地在这本百年历史古籍中发现了改变人生的“秘密”:人们可以通过改变自己的思维和心态，最终改变自己的财富与生活。她将自己的体会写到了书中，与世人共同分享。最终，《秘密》一书被翻译成40多种语言，在全球总销量达到1900多万册。

今天，当我们重新阅读《失落的致富经典》，就会发现这些创富智慧仍然能够给我们深刻的启发：

关于金钱。对于金钱，人们的态度往往是矛盾的，很多人一方面希望成为有钱人，另一方面却又羞于承认，甚至表现出对金钱的“鄙视”。实际上，富有并不可耻，以合法手段赚取金钱为自己和家人提供有品质的生活更是一件幸福的事。因此，我们要肯定金钱的价值，应该明白人人都可以富有、人人都应该富有的道理：我们要建立正确的财富思维，在自己擅长的领域磨炼技能，让自己拥有富足的生活。

关于建立信念。关于信念的力量，我们怎么强调也不会过分。按照华莱士的理论，宇宙是一个巨大的能量体，而我们么每个人都是信念的创造者。根据吸引力法则，我们希望自己拥有什么样的生活、希望自己成为什么样的人，就应该建立坚定的信念，然后向宇宙下订单。当你的信念和思维被反复表达后，最终就会在现实世界中实现，关于这一点可能很多人都深有体会。这里要说的是，如果你渴望富足的生活，就不要把贫穷二字挂在嘴边，如果你渴望获得成功，那么就不要抱怨现在的生活、不要贬低自己的价值。

关于行动接收。无论你现在怀抱着什么样的梦想，拥有什么样的目标，当然要行动起来，而且是要高效率的行动。只有行动才能让你的梦想化为现实。

阳光下没有新鲜事，时代在变，深层的致富规律却是永恒不变的。《失落的致富经典》中，华莱士·沃尔特斯用一生的研究所集结的精华，完全适用于今天，适用于我们每个普通人，这本书教会我们的致富思考模式、积极行动力以及信念的建立和接收，将让我们受益终生。

2017年1月

作者序

Author Preface

以“特定的方式”走向富足

本书既不是要单纯地为大家讲述一种哲学观点，也不是要生硬地灌输给大家一种理论，我们注重的是实战性：如何让年轻人拥有自己的事业，如何让自己变得富足。

如果你想先让自己快速富有起来，然后再去研究那些高深的致富理论，这本书就是为你写的；如果你渴望快速富足却苦于没有时间，也找不到合适的方法或机会去研究致富的理论，那这本书同样也适合你。

如果你选择读这本书，那我希望你贯彻书中的理念，若是你还能在此基础上付诸实践，那我敢保证，你的财富梦想必将会成为现实。我之所以会如此肯定，是因为书中所讲的致富理念都是严谨而精密的科学，所以，失败的可能性几乎为零。不过，可能有些人还对书中提出的论断存有疑虑，为了让这些读者坚定信心，下面，我就来为大家简要介绍一下书中所提观点的理论依据：

宇宙一元论，也就是“一即万物，万物归一”，换句话说，就是一种元素造就了宇宙万物，万物都是同一种元素的不同表现形式。这种哲学思想源于印度教，它对西方思想界造成了长达二百年的影响，同时也成为东方哲学的思想来源。我们所熟知的大哲学家如笛卡尔、斯宾诺莎、莱布尼兹、黑格尔、爱默生等无不以此作为自己思想的理论基础。

如果你有兴趣深入研究一下上述哲学思想，读一读黑格尔和爱默生的著作都是不错的选择。

为了能让更多的人很好地理解这本书，我所使用的都是最简洁易懂的文字。

书中所提出的原则方法都源自于上述哲学思想，同时经过了实践检验，被证明是绝对可行的。如果你的目的只是了解这些原则方法的由来，那大可读一读我在前面说过的这些哲学巨匠的著作；但是，如果你的目的是想要收获可观的财富，那就好好地读一下你面前的这本书，并按它的指导付诸实践吧，你一定可以因此收获你想得到的一切！

目录
Contents

第 **1** 章

成功是一种观念，致富是一种义务

The Science of Getting Rich

- 我们生活的主要目的是实现身体、心智和灵魂的和谐发展。
- 生活富足是保障自我发展的先决条件。
- 只有生活富足人们才能生活得更有尊严。
- 渴望财富其实是人类对于美好生活的一种向往。

人人都应该成为有钱人

在生活中我们总会看到这样一种人——即使日子过得窘迫困顿也不肯努力去赚点钱。他们总是酸溜溜地说有钱人是“暴发户，简直俗不可耐”，再不就说人家“浑身上下都是铜臭味”。每天跟钱过不去，好像“贫穷即正义”一样。他们总是自命清高，明明经济上左支右绌还说自己崇尚的是简单生活，绝不会为钱低下高贵的头。

而事实上，这种人不论如何贬低别人抬高自己，在内心里却都必须承认这样一个事实：在现代社会，**一个人没有富足的生活，就没有幸福和快乐可言。**

道理很简单：人活着，就要穿衣、吃饭，要培养心智，更进一步的，我们还要旅行、娱乐、享受生活，要滋养灵魂，无论做其中的哪件事都需要消费一定的物质资源，而在商品经济时代，这些消费必须靠大量的金钱才能得以实现。

作为万物之灵的人类，除了要满足最基本的吃穿用度之外，更重要的是要追求生命的真谛和自我价值的实现。人们常常拿能否实现自我价值的最大化作为评断成功的标准。我们每个人都渴望实现自己的最大价值，希望成为理想中的自己，这是一种人生来就有的冲动。就其本质来说，实现自我价值是每一个人的基本权利，神圣不可侵犯。而这就意味着我们有权自由充分地享用我们所需要的资源，并合理利用这些资源充实自己，强健体魄、健全心智、愉悦灵魂。就这一点来说，致富和实现自我权利是一回事，富足的生活是每一个人的本能需求。如果我们要实现自我价值，尊重生命，希望过一种身心愉悦、有尊严的生活，那么，我们就应该尊重健康的财富，寻找正确的致富途径。

在这本书中，我们所确立的用以衡量一个人是否富足的标准并不是他所占有的金钱数量的多少。单纯追求占有大量的金钱和社会资源，充其量只是一种动物性的生理需求，它并不会让人感到真正的快乐、体味生活的美好，反之，却只能浪费本就为数不多的社会资源，甚至还会滋生邪恶与犯罪。假如每个人都把追求物质满足和感官享受当成自己的生活目标，那么，社会不但不能取得发展甚至还有可能发生倒退。由此可见，单纯追求物质上的满足对人们来说并没有任何好处。

那么，什么样的生活才算富足的生活呢？怎样才算真正的富有呢？

其实并没有一个明确的标准。我们说，事实上，**真正的富有只是一种状态，一种能让人们身心健康、心灵愉悦的状态。**而更为重要的一点是他们并不会因已经拥有的财富而感到满足。在他们看来，满足于现状而不思进取是可耻的。他们认为：只有不满足，生命才会有前进的动力，才会不断地发展壮大，才能创造出更多的价值，使个人和整体，以及整个人类社会都呈现出更具活力和生命力的欣欣向荣的状态。这符合人的本性，也符合大自然的法则。

不过，在此我必须说明一点："不满足"并不代表贪婪，也绝不是让个人欲望无限膨胀。它只是一种积极进取的心态，一种对美好生活的向往和追求，一种对生命的尊重与张扬的情感释放。

贫与富，更多时候是有关奋斗的人生故事

生活富足人类才有尊严

在现实生活中，我们生活的主要目的是要满足三方面的和谐发展，那就是：强健的体魄、健全的心智、愉悦的灵魂。这三者密不可分：假如我们只单纯追求灵魂的安宁，而不重视心智和身体的发展，那就等于是在建造空中楼阁——而且就算我们这么做了，别人也不会因此就认为我们很高尚；而如果我们只重视心智的发展，不重视身体或灵魂的滋养，同样也会遭人摒弃；而若是只追求感官的舒适而不重视心智和灵魂的发展，则更会让人唾弃——在这一点上，人们早已达成了共识。所以，我们说唯有身体、心智、灵魂三者都得到满足，实现和谐发展才能让我们获得真正的快乐和满足，也只有这样的生活才称得上是真正美好的生活。

这样说可能会有点残酷，但是假如我们在食不果腹、衣不蔽体、居无定所的条件下过度劳作，我们就不能保证自己的身体得到充分的发展；假如我们没有适当的休息和娱乐，我们就无法让自己保持生命的最佳状态。

假如没有书籍供我们储备知识，没有机会出去旅行增长见闻，没有睿智之友与我们探讨交流，我们的心智显然无法得到全面的发展。只有让充满智慧的创意、充满鉴赏价值的艺术等一些美好的东西陪伴在我们身边，才能使我们的心智更加健全。

此外，要想获得灵魂上的愉悦，我们必须心中有爱，这里的“爱”不仅包括对爱的表达还包括爱人的能力。而贫穷恰恰会成为这两方面的最大阻碍。不妨想象一下，当我们所爱的人贫病交加，需要我们施以援手时，我们却只能眼睁睁地看着他们惨遭厄运而无能为力，那么，此时，你对他们的爱到底体现在哪里？爱是一种能力，是一种只有心智健全、心态平和的人才能拥有并施加于人的能力；如果我们每天都在生活的重压之下，为了糊口而奔波劳碌，那我们又如何有多余的精力去关心照顾我们所爱的人，为爱人提供有情趣的生活？

能为自己所爱的人提供帮助，能在爱人、亲人、朋友遇到挫折困难时施以援手，我相信对一个人来说，这就是最大的幸福了。给予是爱最真挚的表达。而这种给予显然包含了物质与精神的双重含

经由财务自由，你才能实现真正的心灵自由

义。只有在你具有了付出和给予的能力后，你才有资格称自己已为人夫（妻）、为人父（母），甚至是为人。

上面的论述告诉我们：唯有以富足的经济，充足的物质资源为基础，我们才可能拥有强健的体魄，健全的心智，愉悦的灵魂。

所以，获得财富对我们来说就是最重要的开始。

渴望财富是每个人的基本权利，渴望财富其实质就是渴望美好生活，这是正当的，也是值得赞扬的。

凡是正常的人都会渴望过富足的生活，也会渴望拥有足够的金钱用以保障富足的生活。

作为一个健全的人，让我们一起对致富满含渴望吧，这并不可耻而是积极向上的，我们不能抑制这种渴望，而应该时刻关注致富之道，对我们来说，这尤为重要。

我们必须重视对财富这门学问的研究，因为它是所有学问中最应该掌握的，也是最高尚的。忽视了它，就等于忽视了我们自己，放弃了自己对他人和社会的责任，而如此一来，社会自然也要遗弃我们。

让自己变得更加出类拔萃，这就是我们为他人、为社会做出的最大奉献。

第 2 章 不靠运气的致富方法论

The Science of Getting Rich

- 致富不能靠运气和投机，要靠逻辑和规律。
- 致富之道是一门人人都能学到手的学问。
- 致富有特定的思考行为方式。

致富其实不需要天分

财富，这两个字让无数人心生向往、热血沸腾，可是作为普通人的你我，真的可以幸运的被财富之神眷顾吗？

答案是肯定的。因为致富靠的不是运气，也不是投机，更不是什么上帝的青睐，它是一门任何人都能掌握的学问，是的，致富的确是一门非常精确的、人人都能学会的学问。事实上我必须告诉你们，这门学问同我们学习过的代数、物理一样，也有内在的特定规律和法则。如果我们能掌握这些规律和法则，了解其中所蕴含的“特定的方式”（the certain way）的意义，并以这种“特定的方式”行事，拥有财富对我们来说就不再只是梦想，请牢牢记住这一点。

在这里我要说：不管是谁，不管是有意还是无意，只要他能按照“特定的方式”做事，最终都能变得富有；反之，如果一个人不按这种“特定的方式”做事，那么，不管其能力如何出众，也不管其如何辛苦付出，最终依然无法摆脱贫穷。这就是我们常说的“有因必有果”。

接下来，我要从如下几个方面进行一下分析，以便大家能对“特定的方式”在致富这门学问中的重要性这一问题有更深入的了解。

能否致富无关环境好坏。生活中，很多人都认为环境会制约财富创造。如果事实真的如此，那么，生活在同一特定区域中的人们就应该要么都是富人，要么都是穷人，也就是说，大到整个国家，小到一个地区，人们的富裕或贫穷程度都应该是一样的。

可事实显然并非如此，我们经常会看到：两个人即使身处同一环境、从事同一行业，其贫富程度仍有着天壤之别。这就等于是在告诉我们，环境并不能对能否致富起决定作用。当然，适宜的环境对人们的致富会有很大的帮助，这一点我们也并不否认。我们只是要强调，对致富能起真正决定作用的仍然是按致富规律行事，以“特定的方式”办事。

能否致富无关个人天赋。也许有人会认为，富豪都是头脑精明有独特天赋之辈，因为致富法则并不是人人都能掌握的，能理解它、运用它达到致富目的的只限于那些天赋极高的少数人。

其实这种担心根本就是多余的：想要掌握并运用这一财富法则并不需要什么超凡的天赋，只要拥有平凡如你我的普通智力就能做到。这也刚好解释了为什么我们在实际生活中所看到的，富人群体中总有各式各样的人，有的天资过人有的愚笨迟钝，有的学富五车有的胸无点墨，有的身强体健有的羸弱不堪。要知道，现实中确实有很多天赋惊人的人却一贫如洗，也确实有很多没什么天赋的人却富足安逸。另外，通过对富人进行研究我们也发现：富人并不比普通人更有天分和能力，他们无论在哪方面都与普通人相差无几，甚至有的方面还略显不足。但他们有一个共同点，那就是他们都有坚定的信念，为了实现自己的财富梦想他们可以排除万难、历尽辛苦。这更加有力地证明了：富人致富的奥秘不在于他们是否拥有过人的天赋和能力，而在于他们能否按致富法则中那种能为所有人理解和运用的“特定的方式”行事。

能否致富无关节俭。无可否认，节俭是一种传统的社会美德，且好处多多，比如“它是为未来做长远储备”“能训练人的计划性”等。但这一切都不足以掩盖它的最大缺点，即它不能帮助我们致富。一提到节俭，我们常常就会想到这样一个词——“开源节流”，很明显，它强调的是先有“源”，而后再“节流”。只有开源才能使财富永不枯竭，否则若是单纯地节流，只会慢慢将现有的财富消耗殆尽。我们大家对葛朗台（Grandet）——那个出了名的吝啬鬼都很熟悉，节俭如他，在弥留之际仍感觉不到自己的富足，反而更加忧心忡忡。而在现实生活中，虽然节俭但仍然贫穷的人也并不少见。当然，这并不是说贫穷的时候不需要节俭，而是说，节俭并不是致富的有效手段，假如想靠着节俭来脱贫致富，那简直与水中捞月没什么分别。所以，大家切记，致富的唯一途径就是遵循致富法则，按“特定的方式”行事。

致富并不意味着要做那些别人做不到的事。道理大家都能明白，致富有道，贫困有因。假如不肯遵循致富规律，按“特定的方式”行事，即便你有上天入地之能，也不可能发财致富，过上富足的生活。

致富只需要有方法

对上述内容进行总结，我们可以得到这样一个结论：只有遵循致富法则，按照“特定的方式”行事才能致富。这也从更深层次上说明：

致富之道是一门有着内在规律性和逻辑性的严密科学。

另外，我还要再补充几点：

首先，虽然我们说能否致富无关环境，但我们也承认环境的好坏还是会对致富产生一定影响的。举例来说，你要是跑到撒哈拉沙漠中的无人地带去做生意，那显然不可能成功。因为，所谓的生意是要和人来做交易，所以自然要考虑自己的客户群在哪里，哪里有需求哪里才可能有收益，这是每个做生意的人都应该明白的道理。

穷人穷的是思维，是致富的意识

不过，环境对致富的影响恐怕也就这么多。

其次，虽然致富与我们所选择的行业和职业关系不大，在任何一个行业、任何一个职业中都有人能致富，但我们都可以肯定的是：如果你选择的行业是你所喜欢的，能让你感受到乐趣的，那就会使致富变得更加容易；如果你选择的职业是能发挥你的特长的，那你一定会做得更加出色，为你的一切锦上添花。

此外，如果你所选择的行业能符合地域特征，那会对致富更加有利。举例来说，如果你想卖冰淇淋，那获利多的最佳地点显然是温暖的地方而不是北极圈里冰天雪地的格陵兰岛；与此相同，如果你要从事捕捞业，那么，相对于不出产大马哈鱼的佛罗里达来说，盛产大马哈鱼的美国西北部沿海地区显然是更好的选择。

能否致富与资金的多少关系也不大。因缺少资金而不能致富的例子并不多见。当然，假如资金充足，财富会增长更快也更容易；但是，如果你有了资金，也就等于说你是个有钱人了，再谈如何致富不是多此一举吗？其实，你根本无须担心资金的问题，因为，拥有资金是致富过程中的一部分，是按“特定的方式”行事所产生的一个必然结果，所以，哪怕你已经穷得一无所有，只要你能按照“特定的方式”做事，同样可以拥有资金，同样可以致富。

对于致富来说，以上这些条件会起到某种程度的限制作用，而真正起决定作用的还是要看我们是否能遵循致富法则，按照“特定的方式”做事。

即使我们现在是这世上最穷困潦倒的人，我们债台高筑，没人肯对我们施以援手，我们也不知道该向谁求助，但只要我们能按照致富法则中的“特定的方式”行事，就一定能扭转困境，变得富有起来。凡事“有因必有果”。只要按照正确的方式做事，那么，就算你现在还没有资金，你也能很快得到资金；就算你现在所从事的行业不适合你，你也会很快找到适合的行业；就算你现在所站的位置是错误的，你也能很快找到正确的方向。

第 **3** 章

只要你愿意，财富无处不在

The Science of Getting Rich

· 财富对人类的供给是无穷尽的。

· 每个人的身边都有满满的致富机会。

· 致富的机会倾向于顺应潮流的人。

富人的数量在不断增加，那些还没富起来的人将这一切看在眼里，不免觉得有些沮丧，他们也许会想：世界上的财富原本就只有那么多，如今已经被富人们瓜分得所剩无几了，他们垄断的垄断，设壁垒的设壁垒，而仅剩下那一点少得可怜的致富机会又怎会幸运地落在我的头上呢？因为我曾经那样勤奋，那样努力，都找不到致富之道。完了，这样看来，我注定要一辈子生活在贫困里了。

那么，事实真的如此吗？我们说，上帝是公平的，他在对我们关上这扇门的同时也会为我们打开另一扇窗。致富的机会同样存在于你我的身边，而一些人之所以贫穷也绝不是富人垄断行业、设置壁垒造成的。也许某些行业对我们关上了大门，但同时也会有另外的致富之门向我们敞开。

我们有例子可以来证明：对我们来说，铁路运输行业是一个高度垄断的行业，要想进入或是在其中做得出类拔萃是非常困难的。但是我们可以看到，电气化铁路运输刚刚兴起，其发展势头强劲，它会将大量的致富机会摆在我们眼前，只要抓住这些机会我们很可能有一天会大权在握。我们也可以看到，近几年航空运输行业也在不断发展，不日就将成长壮大起来，而这一行业及其附属的分支机构也将无数的就业机会摆在了我们眼前。那么，我们为何一定要与铁路运输业的霸主们争个你死我活，而不将目标转向电气化铁路运输或航空运输行业抢占先机呢？

如果你在钢铁托拉斯（Trust）企业里只是一名普通的员工，那么想在这个行业里崭露头角是非常困难的，但假如你能按“特定的方式”去办事，那么你下一步做出的决定就是离开钢铁托拉斯企业，或许你会买上一些地，种种粮食，然后转做粮食和食品生意。只要我们能不怕辛苦、勤于耕作，势必会发现好机会。可能你会认为只凭自己想买土地难如登天，但我可以肯定地告诉你，只要你能按“特定的方式”行事，买到土地就不是不可能的。

随着人类社会的不断发展变化，我们也要与时俱进，要跟得上时代的步伐。时代不同，所产生的致富机会自然也不尽相同，而不同的致富机会又会将人们带往不同的地方。可能这会儿机会出现在农业上，过一段时间就会转移到工业上，要不了多久又换到了商业上。总之，不管机会出现在哪里，它总是对那些顺应潮流的人青眼相加，对那些喜欢逆势而为的人避而远之。

阳光下每个人都有自己的生活方式，你可以选择要哪一种

由此我们可以得出这样的结论：那些目前还在贫困深渊中苦苦挣扎的人们，并没有人剥夺你们作为个人或是群体的致富机会。作为一个阶层，你们之所以无法摆脱贫困不是因为老板们的“压迫”，也不是因为托拉斯和财阀们的“剥削”。而是因为你们没有遵循致富法则，按照“特定的方式”办事。比方说，现在的美国工人们，你们是不是很羡慕那些身处欧洲比利时等国的同行？他们创建了强大的百货商店或联合企业，推选自己的代表进入政府机构，制定并出台了一系列能维护本阶级利益的相关法律。其实，只要你们也能按照“特定的方式”行事，那我敢说，你们也会像他们一样拥有这一切，而且要不了多久，你们还能以非暴力的方式建立起属于自己的领地，创造出更多的财富。

我们需要强调的一点是：无论是谁，只要你按照“特定的方式”行事，财富法则对你来说就是适用的。如果你想致富，那就不要被那些箴言警句捆住手脚，要敢于挣脱旧有、愚昧思想的束缚，顺应时代的潮流，勇于创新，尽自己所能地发挥创造力，探寻致富之道。

此外，还有一点也很重要，那就是，财富对人类的供给是永无止境的，所以我们每个人都有致富的机会。

大自然拥有的资源足以养活所有的地球人，所以因为财富的供应不足而受穷的人根本就不存在。仅目前以人类的智慧能发现的供应来说就已经相当充足了，至于那些还未被发现的则更是无穷无尽。而我们之所以这样说当然不是没有根据的——宇宙空间中存在着一种能造就万物的东西，我们将其称之为宇宙原始能量（Original Substance），如果拿人类的需求作对比，这种原始能量的供给简直就是永不衰竭的。

万物之形皆源自于宇宙原始能量的运行，宇宙原始能量通过不同的频率振动造就了不同物体，为人类提供源源不断的供给。

宇宙原始能量充斥于宇宙空间以及物体与物体之间。它按照固有的规律运行着，因运行规律的不同表现出的事物也会有所不同，它具有无限的生命力和创造力，常常会孕育出品种更为繁多的生命体。宇宙能量的供给是那么富足而无穷尽，就算再创造出一万个像我们这样的星球也富富有余。宇宙原始能量在孕育万物的同时，也彰显出了自身的伟大与富足。只要我们合理利用，大自然给予我们的馈赠就是用不完的。

所以，若是说有人是因为供应不足或是资源短缺而贫穷，这样的理由是不成立的。大自然是取之不尽用之不竭的。宇宙原始能量具有无限的生命力和创造力，当旧的事物离去，自然会有新的事物去替补。例如，如果土地资源紧缺，耕地面积不足，人类衣食得不到保障，宇宙原始能量就会通过人力开垦出新的耕地或是创造出能代替耕地的新事物来供养人类。为保障人类资源的富足，宇宙能量一直默默地为人类提供一切所需。

从总的趋势来看，整个人类在不断发展进步，日益富有、壮大，虽然会有个体贫穷，但那只是偶然现象，其原因在于**他没有按照“特定的方式”办事。**

第 4 章

致富的两条基本原则

The Science of Getting Rich

· 我们要想获得更多财富，就要学会按“特定的方式”思考做事。

· 人类的创造性思维是创造财富的根源。

· 致富必须从相信真理做起。

创富的第一步是思考

宇宙原始能量孕育着世间万物，它源源不断地为人类提供一切生活所需。相对于人类的需求来说，宇宙能量是取之不尽用之不竭的。宇宙能量按照它自有的方式和规律运动着，所有出现在地球上的有形物质和运动过程都是宇宙能量运行的具体表达。宇宙能量依照规律运行创造了世间万物，作为万物中的人类也同样生活在这种规律之中，是这种规律的组成部分。

例如，如果宇宙能量正在按照一棵橡树的生长模式运行，那么，地球上就有一棵橡树正在发芽、成长。是宇宙能量按照这种既定的运行轨迹运动促使了这一过程的产生，但这种产生却可能需要成百上千年的时间。因为并不是说一开始运行，就马上长出了一棵高大挺拔、枝叶茂盛的橡树，而是按照既定的规律先启动了橡树生长的力量，之后由这种力量推动橡树沿植物的特定生长轨迹生长。如果宇宙原始能量正在按照一颗星球形成的规律运行，那么，就会有一颗星球伴随之产生并做相应的运动。这样下去，就形成了太阳系、银河系。世间万物的生长规律也是通过这种方式被确立起来的。而宇宙原始能量的运行也会因人类的主观参与和影响而变得更加活跃和丰富。

人类思想影响着宇宙能量的运行，只要我们把心中所想传递给宇宙能量，就能够促成一种事物的产生。可见，人类的思想是影响创造财富的主要原因。

地球的发展是由人类的头脑、智慧和劳动决定了他能推动地球的发展，而人类的思维则被誉为“地球上最美丽的花朵”。

人与其他动物的一大区别就是人是有思想的，而且这种思想是自发产生的。人类创造事物总要经历一个由脑到手的过程，即在头脑中想好，再利用自然界的资源和能量用双手把它创造出来。而实际上，人类就在这一过程中参与、影响了宇宙原始能量的运行。

所以，只要我们能拥有极富创造性且内容丰富的思想，就能更加深远而强大地影响宇宙原始能量，从而创造出更充裕的财富。所以，如果你想获得更多的物质财富，那就不要只盯着那些原本就存在于地球上的东西不放，你应该尽情发挥自己的想象力和创造力，并把这些思想传达给宇宙能量，和宇宙的智慧携起手来为达到创造新事物这一目的一起奋斗。只要我们的思想不与宇宙原始能量的运行规律发生偏颇，而传递的信息又足够强烈，那么无论是谁，都能和宇宙原始能量达成合作共识，从而达到自己的目的。但是，有三点认识是需要我们搞清楚的。

第一，宇宙原始能量孕育了世间万物，其不同规律的运行又产生了不同的事物或运动过程。相对于人类而言，宇宙原始能量的供给是无穷尽的。

第二，宇宙原始能量的运行会受到人类思维和活动的影响。所以，只要人类和宇宙能量和谐发展共同合作，就能创造出更加丰富精彩的物质世界。

第三，人是地球上唯一具有发散性思维的物种，人类思维的发散性和创造性是那样的丰富和强烈。人类的思想和信念越是集中、强烈，就越能对宇宙原始能量产生深远影响，从而使目标的实现变得越发容易。世界上所有的财富有源自于宇宙原始能力与人类的创造力的完美搭配。

还有一点至关重要，那就是，人类与宇宙原始能量能够和谐的共发展同合作的前提，这就要求人类必须按照“特定的方式”进行思考，绝不能与宇宙原始能量的运行规律发生偏颇。至于这其中的道理我想大家都能明白。举个简单的例子，“天上掉馅饼”的幻想是不可取的，也是不符合宇宙能量运行规律的，所以宇宙能量是不会和这种不按照“特定的方式”思考的想法进行合作的。所以，天上永远也没有“馅饼”掉下来。

致富从正确思考做起

正确的思考方式是致富过程中要迈出的第一步，人们的做事方式取决于人们的思考方式。能否实现富足，关键要看我们是不是能按照致富的特定规律去进行思考，能否正确进行思考，这对致富来说至关重要。

要想做到正确的思考，我们必须要从思考真理开始，思考事物的本质特征而不是它的表象或形式。

虽然思考的能力是人类与生俱来的，但相比于思考事物表象的简单易行，要发现掩盖在层层表象下的事物的本质却非常困难。这往往要我们付出几倍甚至几百倍于其他事情上所付出的努力。

持续深入进行思考并不容易，其艰难程度甚至会使许多人畏缩不前。而若是事物的本质与其表象不统一时，这种情况就会更为常见。所有有形世界中的表象，都会在你看到它的同时给你留下一个与之相应的图像，如果你不想产生错觉，就必须挖掘出事物的本质。

当你看到贫穷的表象时，你的脑海中就会产生一个与贫穷相对应的影像。假如你因此认为贫穷是理所当然的，那么你就只能永远为贫穷所困。正确的处理方法是，我们要拨开迷雾看到事物的本质——**世界上根本没有贫穷，有的只是财富；世界上没有贫穷的人，只有一群即将富起来的人。**

当疾病的表象困扰我们时，我们应该思考健康；当贫困桎梏着我们时，我们更应该思考财富，想做到这些并不容易，需要有强大的力量来做后盾。不过，只要具备了这种力量，你就能成为自己命运的主人，实现你心中所想。

要想获得这种强大的力量，唯一的途径就是，以“特定的方式”思考办事，以期得到宇宙原始能量的响应，与之共同努力，让梦想变为现实。

只有对此坚信不疑，我们才能勇往直前。因为我们相信，我们想要创造和获得的，还有我们想要成为的，这一切，只要我们付出

改变命运的不是机遇，而是我们的人生态度

努力，就都能变成现实。致富的第一步就是要相信真理，为了进一步加深我们的印象，必须再次重复一遍本章所讲的三条论断。

第一，宇宙原始能量孕育了世间万物，其不同规律的运行又产生了不同的事物或运动过程。相对于人类而言，宇宙原始能量的供给是无穷尽的。

第二，宇宙原始能量的运行会受到人类思维和活动的影响。所以，只要人类和宇宙能量和谐发展共同合作，就能创造出更加丰富精彩的物质世界。

第三，人是地球上唯一具有发散性思维的物种，人类思维的发散性和创造性是那样的丰富和强烈。人类的思想和信念越是集中、强烈，就越能对宇宙原始能量产生深远影响，从而使目标的实现变得越发容易。世界上所有的财富都源自于宇宙原始能量与人类的创造力的完美搭配。

我们必须心无旁骛，谨记这三点论断，在日常生活中不断加以研磨，直到它成为你的一种思维习惯，在你的头脑中根深蒂固。如果你对它有了怀疑，就要将这种疑惑视作罪恶尽快抛诸脑后；切莫关注那些反对的声音；切莫聆听那些会扰乱我们心智的演讲或宣传；切莫翻阅那些会让我们产生私心杂念的读物，一旦因接触这些乱七八糟的信息而使我们的信念发生动摇，那之前我们所做的一切就前功尽弃了。

不要问为什么这些真理就是正确的，它们是不是真的那么正确，这对你来说并不重要。你要做的就是，接受它并坚信它。

如果你能无条件地接受这些真理，那么你就迈出了致富之路的第一步。

心灵的平静富足才是真正的富足

第 5 章

财富是创造的，而不是抢来的

The Science of Getting Rich

· 我们不能让生命在穷困中慢慢逝去。

· 每个人都应该为他人的利益而牺牲自我的观点是错误的。

· 只有充分发展自己才能对他人有益。

· 与过度的自私相比，过分的无私也没有高尚多少。

完美人生从致富开始

也许你听说过这样一种可怕的思想：神说，作为人类，你们应该甘于穷困，因为贫苦是对人类能更好地侍奉神明的一种历练。这种思想简直腐朽不堪，因为与神明相比，恐怕我们的父母、孩子，以及我们自己才是更需要我们去奉养的。在本书中，请大家对这种思想敬而远之，很明显，如果真是值得人们敬仰的神灵是不会允许人类的生命在贫困中慢慢逝去的。

宇宙原始能量在孕育了世间万物又源于万物之中，当然，它也植根在我们的身心之中，大自然蓬勃的生命力和伟大的智慧使得世间万物为了繁衍生命和最大限度地实现自我孜孜以求——这是大自然赋予万物的一种本能或天性。而生命也因此得到了延续，世世代代，绵绵不绝。

比如泥土里的一粒种子，从发芽、成长，到最后在生长的过程中孕育出无数新的种子，这个过程就是生命种群得以延续发展的过程。

智慧的增长也是同样的道理：一种思想的产生会孕育出另一种新的思想，我们所了解的每一件事实真相都会为我们开启发现另外一个真相的大门，由此，我们的思维被拓宽被发展，我们的知识被丰富被运用……

我们力求生命的完美，不停探索、不停行动、不停超越。我们听从生命的召唤，因此，我们不断渴求财富。

究其本质，**对财富的渴望就是在寻求生命的进步，在追求更高的人生价值和完美的人生。**这种渴望是积极而正面的，只有把这种渴望变成一种努力，才能使它成为现实。在人的内心之中，潜藏着一种特殊的本能，就像使万物生长的力量一样，这种本能一旦觉醒，就会自然萌发出寻求财富的冲动。这就是自然的法则，这就是生命的意义。这条不断追求自我完美体现与表达的生命法则同样适用于存在于每个角落的宇宙原始能量，因为它同样渴望美好的事物，唯有如此才能最充分地表达自己。所以，我们说，创造丰富的物质世界是宇宙能量的本能。

如果我们已经开始自发地追求生命价值，那就意味着我们已经和宇宙原始能量还有自然规律达成了一致，已经与宇宙中最强大的力量融为了一体。

世间万物都是为我们而存在的，我们的追求代表的也是宇宙原始能量的渴望，它会为我们的追求感到欣慰的。

让我们坚定地相信这一真理吧。

致富可以使我们的生活更加美好。我们不用为温饱发愁，还能通过娱乐消遣来消除疲劳。我们有精美的物品可以欣赏，有广袤的大地任我们游玩，有爱我们的人和我们爱的人需要我们的帮助，这样的人生才是完美的人生。

另外，还有一点需要大家注意：即使你生活富足，有能力来帮助别人时，也千万要记住，不要为了帮助别人而牺牲自己。这种倾尽所有的做法并不是什么善举，而是目光短浅和对自己不负责任的表现。因为，**与过度的自私相比，过分的无私也没有高尚多少。**

实际上，每个人都应该牺牲自己成全他人的观点是错误的，请大家谨记，帮助他人必须以充分发展自己为前提，因为只有自己足够强大、富足，才能负担得起这份责任，也才能为他人提供更好的帮助。

很多时候，只有站在山顶才能看见最美的风景

不做竞争者，做创造者

富裕的生活是发展自身的先决条件。因此，人人都应当努力掌握获取财富的方法，研究如何获取财富的学问。这才是正确并值得称赞的做法。

人类的创造是致富的源泉。宇宙原始能量是取之不尽的，世间万物会因它的运行而变得更加美好，这是必然结果。

宇宙的规律、大自然的法则告诉我们要自己创造财富，而不能垂涎别人的财富，甚至用巧取豪夺的方式将别人的财富据为己有。

因此，我们不能想着靠竞争来致富，也不能总盯着那些已经被创造出来的财富，而要学会自己创造新的财富。

如果我们真正懂得了“创造致富”的道理，我们就不会再掠夺别人，就不会再锱铢必较，就不会再欺诈行骗。我们再不会艳羡别人的富有，再不会贪图别人的财产。因为我们明白：创造本身就是用之不竭的财富之源。我们完全可以拥有与他们一样的财富。

我们不应该做竞争者，而应该做创造者。因为，“创造”一定能让我们得到属于自己的财富。而在你追求财富的同时，也会让他人得到更多的财富，这会使整个人类社会进一步发展壮大。

当然，世界上也的确存在这样一些人，他们用了完全不同于“创造致富”的方式，也同样拥有了巨额财富。对于这个现象，我的解释是：那些通过竞争致富的富翁们，有时也会恰好与宇宙原始能量的运动规律发生重合，从客观上来讲，他们的活动是有益于人类福祉的。比如在工业革命中发迹的洛克菲勒（Rockefeller）、卡内基（Carnegie）、摩根（Morgan）等人，他们的贡献就是使得工业生产变得更加有组织、有计划，使整个人类的生活得到了很大程度的改善，使人类社会得到了进一步的发展。他们在不经意间充当了宇宙原始能量的使者，并因此而获得了财富。但是，属于他们的时代早已成为了过去。他们使秩序井然的社会化大规模生产变成了现实，与此同时，也使更加多样化变成了一种可能，他们终将为生机勃勃的新生力量所取代。如同史前恐龙一样，那些大财阀和富豪们虽然在进化过程中的确功不可没，但是，他们最终却逃脱不了被消灭的命运，而消灭他们的力量恰好就是孕育他们的力量。

要知道，通过竞争得到的财富，既不是长久的，也不会让人得到真正的满足。因为如果通过竞争取得财富，那么财富就不是固定地属于一个人的，它可能会在人们的手中不断轮换。我们要时刻牢记，财富的供给是无限的，所以应该用科学而正确的方式而不是竞争去致富。我们要时刻警惕不要被“富人们已经占据了所有的财富，所以我们必须去竞争、去抢、去夺，总之运用各种手段从他们手里得到财产”的想法所左右，否则，就会陷入竞争思维的泥潭，就无法发挥我们的创造力，更不要提“创造致富”。

永远不要贪图别人的财富，我们应该把关注的方向转移到宇宙原始能量所能创造出的无穷的财富上去。**我们接受和运用财富的速度越快，财富向我们走来的步伐也就越快。**我们绝不可能因有人垄断了现有的资金而无法致富。

因此，大家不用这么想：我必须动作快点，马上准备盖我的房子，不然好地段就都被抢光了。请大家放心，永远没人能阻止你得到自己想要的东西。

之所以这样说，是因为我们不是在从别人手里抢东西，而是

合法地赚取财富、享受人生，是一件庄严的事

在借助宇宙原始能量的帮助自己创造东西，只有这样的财富才是无限的。

我们应坚守如下信念：宇宙原始能量无处不在，且遵循一定的规律运行，相对于人类的需求来说，这种能量是取之不尽用之不竭的，所以，只要与这种能量完美结合在一起，我们的那些财富梦想就会变成现实。

富人靠资本赚钱，穷人靠知识致富

第 6 章

越努力越幸运，财富越会青睐你

The Science of Getting Rich

- 我们从客户那得到的应该少于我们所给予的。
- 创造财富要有正确的思考和积极的行动。
- 善良诚实、公平交易，致富不忘回报社会。

有些人的生意经很狭隘，在他们看来，在生意场上使用欺诈等手段能更快获利。很显然，这种想法是绝不应该存在的。我们在生意场上会与对方讨价还价，这很正常，也是正当的，但是，如果想在交易中通过不正当手段得到那些本不该得到的利益和实惠，那这种交易就明显有失公允了。而我们不仅要坚决抵制这种做法，还应该坚持：我们从客户那得到的应该少于我们所给予的。

在正常的商品交易中，我们应该用等价的物品与客户进行交换，话虽如此，我们却可以尽量多回报给他们一些使用价值。就拿我们这本《失落的致富经典》来说吧，如果单考虑纸张、油墨以及其他材料的核算成本，其计算出的数字可能远远小于这本书的定价。但这本书中所提出的致富理论能为读者带来数之不尽的财富，而读者们也就因此获得了高于现金价值的使用价值。在这里，出版者也从读者那里获得了现金价值，但同时奉送给他们的致富知识却是无价的，与此相比，读者们付出的现金就显得微不足道了。

让我们做这样一个假设：我手里有一幅世界名画，只要是在文明世界里，这幅画就是价值连城的。现在，我来到了巴芬湾（Baffin Bay），用我出众的口才说服一个爱斯基摩人买下这幅名画，交换物是一捆价值500美元的兽皮。那么，在大家看来，这个交易结果如何？很显然，这个爱斯基摩人吃亏了，因为巴芬湾商业并不发达，所以这幅画对他来说既没有市场价值也没有使用价值，对他的生存毫无助益。

但是，如果我把上述交易中我的交换物由名画换成一杆价值50美元的猎枪，那这场交易无论对谁来说就都是公平合理的了。因为对爱斯基摩人来说猎枪很有用，他可以用猎枪得到更多的兽皮，从而使自己的生活得到改善，甚至还有可能因此变得富有起来。

我们在交易的时候，要尽可能给予对方多于我们所得到的现金的使用价值。因为这样一来，我们每做一笔交易就为整个人类的美好生活做出了一点贡献。

如果你可以依据上述的原则与客户做生意，那么你一定比别人更能吸引客户，生意一定比别人红火，这样你的人脉就会越积越广，生意也会越做越大。

只有当我们远离了竞争致富，而选择创造致富时，我们才能对自己所做的每一笔交易是否合适做出公正的评判。如果我们得到的利益远远大于对方所得到的使用价值，那么请大家放弃这笔交易吧。记住，**在生意场上，永远不要把自己的利益建立在损害别人利益的基础之上。**如果我们的工作是靠损害别人的利益而让自己获利的话，那就干脆不要这份工作，因为它只会让财富鄙视你，离你越来越远。

假设我们现在正在经营一家企业，那么企业中员工所贡献的现金价值必然是要高于他们所得到的工资，原因在于所有的企业都是依靠获取剩余价值来盈利的。不过，我们还是可以通过积极有效的组织管理，建立起一套完备的进取机制，让员工从中获得非物质的回报。只有这样，那些有上进心的员工才能在工作中获得比工资更有价值的进步和回报，那就是可贵的自我成长。

我们的企业也可以像你正在阅读的这本著作一样为员工铺设起致富的阶梯。科学有效地经营好我们的企业，为我们的员工提供一个创造致富的机会。只要他肯用心，就会沿着这条铺设好的阶梯走上富裕之路。当然，如果给了他们机会，但是他们却不肯努力，那责任就在他们自己了。可若是每工作一天就代表着多了一分让自己变得富有的机会，那么，恐怕不会有哪个员工不会为之努力奋斗，我们的企业想不受欢迎、不受尊敬都不可能。

不过，还有一点也很重要，希望大家多加注意，那就是，天上不会掉馅饼，宇宙原始能量不会自动地创造出财富并送到我们身边。所以，我们不仅要发挥自己对宇宙原始能量的影响力，还要将自己的想法积极地付诸行动。

如果你想要一台缝纫机，但却只是一直想，而不肯去做什么，那么，就算你想破了头，那台缝纫机也不会自己走到你面前的。而与之相反，如果你不仅能谨记自己的愿望，还能付出实际行动——积极收集信息，联系厂家，筹措资金，那么，宇宙原始能量的智慧才能和你的愿望形成和谐的合作关系，把缝纫机带给你，实现你的愿望。即便我们生活在缅因州（Maine－ME），也会有来自得克萨斯（Texas）甚至是来自日本的商人与我们做缝纫机的生意。

在这场交易中，我们各取所需——商人得到了利润，而我们得到了自己想要的东西。

所以我们要时刻谨记，用一颗有良知的心与人公平交易，给予别人的应该超过我们所得到的。如果我们坚持以这种良好的状态对宇宙原始能量施加影响，并付诸实际行动，那么，就像最终我们得到了那架缝纫机一样，我们也一定会得到我们想要的一切。

宇宙原始能量运行的目的是为了使世间万物变得更加美好，而

每个人都应该为了更加美好的生活努力奋斗

这种美好体现在我们每个人的身上。

所以，赶紧行动起来吧，不要再犹犹豫豫、畏缩不前了，我们绝对能得到更多。只要我们用一颗有良知的心与人公平交易，不觊觎别人的财富，自己创造财富，就一定能和宇宙原始能量和谐统一，实现自己的致富梦想。

可是很少有人能接受这种观点。于是就造成了这样一种局面——很多人都如狼似虎地紧盯着眼前的这一丁点儿财富，因为怕别人先下手而争得你死我活。假如他们也能读读这本书，并对其中的观点表示认同，他们就能和我们一样从容、幸福，而且会更快地富有起来。

第 7 章

心存感恩，就像已经成功了一样

The Science of Getting Rich

- 心存感恩可以带来更多回报。
- 心怀感恩与一切美好的事物息息相通。
- 感恩之心需要培养。

在前几章中，我们一直试图向大家传递这样一个观点：将想要致富的想法传递给宇宙原始能量是致富要迈出的第一步。而在这一章里，我们还要讲述一个新的观点：我们应该以一种同宇宙原始能量相和谐的方式与它发生联系，只有这样才能实现我们的致富梦想。

不管是谁，只要你想致富，就必须与宇宙原始能量保持这种和谐统一的关系。唯有如此，和宇宙能量共发展同合作的目标才能实现，而若想实现这种和谐统一，我们就必须适度调整身心。而在这里，我们也找到了对这一调整过程的合适概括，那就是心存感恩。

心存感恩，就意味着要相信宇宙原始能量的存在，并相信它的供给是无限的。

我们要心怀感恩，坚信宇宙原始能量会帮助我们得到我们所需要的一切。

只有怀抱虔诚的感恩之心才能与宇宙原始能量保持和谐统一。

很多人依旧贫穷是因为他们缺少感恩之心。因为在他们接受了别人的给予之后，不懂感恩不懂回报而不再和对方发生联系，从而让致富的良机从身边白白溜走。

“心存感恩可以带来更多回报”。心存感恩是一种力量。只要我们心中时刻有善念，我们的思想就会将世界上所有美好的事物带到我们面前来，当然，财富也被包含在内。心存感恩能让我们的思想与宇宙原始能量联系得更为紧密，其原因在于，我们所拥有的财富是通过“特定的方式”得来的，而感恩之心可以指引我们的思想沿着致富之路前进，这样一来，我们就不会再囿于竞争性思维中，转而与创造性思想达成统一。正如我们在前文中谈到的，“财富是有限的”这种思想严重阻碍了我们的致富之路，而怀抱感恩之心则能使我们远离这一泥潭，正确地看待世界上的一切事物。

宗教中有这样一种说法：“你接近上帝的同时上帝也在接近你。”将这种说法换到财富方面来其实也说得通——我们离财富越近也就越容易得到财富。心存感恩会让我们变得积极乐观，让我们把目光更多投放到那些美好的东西上，让财富与我们走得更近。而这也会为我们找到甚至是创造致富机会提供便利。

反过来说，如果没有感恩之心，那我们的日子就会很难过，会对周遭的一切都感到不满。如果脑子里总是装着这些让人感到不满的事，那慢慢地，我们就会将关注并评判那些消极、负面的事情当成一种习惯。紧接着，这些东西会占据我们的思想，在不经意间，我们又将它们传递给了宇宙原始能量，于是，这些消极负面的东西越来越多地聚集在了我们的周围，而我们也逐渐失去了致富的能力。

假如我们总是将注意力投放在身边那些阴暗的事物上，那我们自身也将变得阴暗，那些积极美好的事物也会离我们远去，财富自然也不会再青睐于你了。我们会被内在的创造力塑造成什么样子取决于我们关注的是什么。

心存感恩的人往往喜欢关注那些美好的事物，并从中体会那些美好的特征，这样的人自然会受到大自然的青睐，得到大自然最美的恩赐，形成高尚的人格，成为最优秀也是最有成就的人。

感恩之心可以坚定人们的信念，因为它会使人们对美好的事物一直心生向往，而信念就是由这种向往孕育出来的。当一个人意识到他要感恩时，信念就开始慢慢形成了。每当我们流露出一次感恩之心就会使我们的信念增加一分。一个人若是不懂得感恩也就不会有坚定的信念；而若是没有坚定的信念，我们就不会为了让自己的

当你向世界敞开自己，你会发现有很多机会不期而至

财富梦想变成现实而去积极主动地创造致富。

我们应该抓住上天给我们的每一个恩赐来培养自己的感恩之心，并让这种心情持久地保持下去。

请大家不要在指责和抨击那些大财阀和超级富翁的不义行为上再多浪费时间了，因为换个角度来看，正是因为有了他们，我们才有了更多的致富机会。而且，我们的指责和抨击对他们也起不到什么作用——既不会让他们变得善良，也不会让他们马上从这个世界上消失。

请大家不要再对那些看起来高不可攀的政客官员们指责不休了，因为换个角度说，正是有了他们我们才能避免沦为无政府状态，才不至于使发财的机会大幅度减少。

请大家不要把时间和精力浪费在消极的情绪和事物之上，也不要让自己心中充满憎恨。**我们要用感恩的心态去看待这个世界，它会将我们与一切积极的因素统一起来，将美好的事物源源不断地带到我们身边。**

用感恩心看世界，拥抱生活的美好

第 **8** 章

人之所以能，是因为坚信自己能

The Science of Getting Rich

- 清晰的致富信号更为宇宙原始能量所青睐。
- 只有梦想清晰才更易实现。
- 致富方向要谨记。

大家都该清楚：要想达成我们的致富梦想，必须把我们对财富的渴望以一种和谐的方式传递给宇宙原始能量，并通过“创造致富”得以实现。

而只有我们传递的致富愿望是清晰而具体的，甚至要清晰到能在我们头脑中形成一幅内容明确、纤毫毕现的画面才能保证它在最终变成现实时毫不走样，才能更好地实现我们的财富梦想。

因此，在我们要将自己的想法宣之于口前，一定要弄明白我们想要的是什么？想要多少？如何去要。很多人对于这些问题想法模糊，并没有什么明确的方向。而我们自然也无法将这些自己也理不清的念头很好地传递给宇宙原始能量。如果我们想要致富却只有“我想生活得更富足”这样一个笼统的愿望是绝对不够的，出于本能，每个人都会在经意或不经意间有过想环游世界或是希望自己的生活能更加富裕的想法。可是，这种想法实在过于简单笼统因而无法形成强烈的暗示，也不能与宇宙原始能量和谐统一并产生巨大的影响力和推动力。

如果你打算给远方的朋友发电报或发送电子邮件，你肯定会发一些意思清晰、语句连贯的话，而不会只把字母表里所有的字母或是从字典里随便找出的单词当成是电报内容发给他。

与此相同，当我们想将自己的致富愿望传递给宇宙原始能量时，所选用的语句也该是清晰、完整且容易被理解的。否则，宇宙能量是无法感知那些笼统、模糊的想法与愿望的，自然也就无法帮你实现你的财富梦想了。

除此之外，我们还要像舵手牢记自己的航向一样将这份清晰的愿望一直留在心中；要像舵手经常查看罗盘一样经常拿出这幅图像来看一看，检查检查，让自己记忆犹新。

想做到这一点其实并不难，只要我们在闲暇之余花点心思想想自己的这些愿望就足够了。我们不用先特意去集中思想和注意力，也不用特意留出时间去祈祷和恳求，更不用弄什么特殊的仪式。我们只需要做到以下两点：首先要搞清楚自己想要什么；其次要让自己深深痴迷于这些想得到的东西，直到将它们镌刻在自己的脑海中，永不消失为止。

其实，**若真心向往一件事物，是根本不需要做什么练习的。**只

当你心中怀有强烈的渴望，你才能做到最好

有那些并非我们真正渴望的东西才需要我们为了集中精力而不断努力。如果你年少轻狂时曾为一个姑娘而茶饭不思，那么，现在就来想想那个时候吧，此时，你一定会发现，那种状态根本无须不停地进行练习就能得到。

只有我们对致富有强烈的渴望，且拥有罗盘指针永远指向北极一样坚定不变的决心，我们才有理由花费时间精力来研究这本书中所说的法则，否则，就是在做无用功。

只有对财富有强烈渴望的人们，才配拥有这些致富法则。因为，他们对财富是那样的渴望，以至于为了实现致富的梦想可以克服自身的懒惰，不受安逸生活的诱惑，为了致富去奋斗去拼搏且乐在其中。

你越是用心地进行思考，用心地勾勒愿望图像中的所有细节，你心中的致富蓝图就越是清晰明朗，你的愿望也就会变得越强烈，精力也就越集中，也就越容易调动起宇宙原始能量，帮助我们实现梦想。

不过，只是这样是远远不够的，只限于构想和沉思我们的愿望蓝图并陶醉其中，却不肯付诸行动的话，那你充其量只能算是一个空谈梦想的幻想家。而**幻想家与成功者之间本质的区别就在于：是**

否付出行动。没有行动，成功就不会属于你。成功者之所以能够成功，就在于他不只是享受梦想带来的愉悦，还会以此来坚定自己的信心，让自己全身心地投入到致富的行动中去，实现和宇宙原始能量的和谐统一，最终成功地让自己富裕起来。

坚定信心，付出行动

第 9 章 用自控力掌控时间、情绪和生活

The Science of Getting Rich

- 做到内敛于心，而非对他人指手画脚。
- 正面的自控力能使我们不偏离正确的运行轨道。
- 用自控的力量排除贫穷的影像。

自控力是致富的最好内驱力

为了实现财富梦想，我们应该积极且出自善意地去影响宇宙原始能量，而不是强迫它接受这一切。切记：绝不可将自己的意志强加给某人或某物，不可强迫他们为自己做事，替自己完成财富梦想。

我们没有权利这么做，这样做是非常错误和危险的。

因为，与用武力强迫别人相比，将自己的意志强加给别人，迫使别人按照自己的意志行事这种做法也好不到哪儿去，二者同样都是十分危险而愚蠢的。尽管二者所使用的手段不同，但从本质上来讲，不管是利用精神力量窃取他人财物还是靠武力抢掠别人财物都没区别，二者都是野蛮而粗鲁的强盗行为，都一样要面临惩罚。

这里，我要再次提醒大家注意：**谁都没有权利将自己的意志**

强加给别人，哪怕是拿“为别人好”当理由也不行，因为我们并不清楚，怎样做才是真的为别人好。而本书中所讲的致富法则，无论在什么情况下都不会要求你对他人使用强权。因为这对我们毫无帮助，也没必要。实际上，不管哪种想将自己的意志强加给别人的做法，到头来都会事与愿违。

我们对任何事情都毋须强求，也不需要让一切事物都按照自己的意志行事。认为自己就是世界的中心，妄想要整个世界都围着自己转的人都是愚蠢的。这种想法对我们的思想和行为非但无益反而有害。

就像没有必要运用意志力干涉太阳的升降一样，我们同样没有强求上天将最美好的东西赐予我们的必要。

要知道，**唯一正确的运用意志的方法就是将意志力内敛于自身**，让它成为一种自控力，唯有如此，才能借助它的力量实现我们致富的愿望。

那么，具体到获取财富的过程中时，到底要怎样做才算是正确运用了内化了的意志力，或者说自控力呢？答案是，要在准备进行每一次思考和行动之前，用自控力控制自己，让自己只在正确的事上花费时间精力。在将自己的思考和行动引入正确的轨道之后，还

自控力使人生之舟避开暗礁、漩涡，永不倾覆

要继续发挥自控力的作用，确保自己不偏离这个轨道，按“特定的方式”行事。

不要以控制他人为目的来展现自己的思想、内心世界和自控力。

与将意志力运用于别处相比，将意志力内敛于心对实现财富梦想的帮助才是最大的。

最后，我们得出这样一个结论：**实现财富梦想的关键就在于，运用自控力勾画出清晰的愿望蓝图，满怀信心地坚守这幅蓝图。**在自控力的作用下我们会尽量对宇宙原始能量施加积极的而不是消极的影响，这有利于我们加快致富的脚步。所以，我们一定要控制好思想的变化，使自控力处于稳定状态。我们还要清楚，我们所关注和思考的对象对信念的形成起到了至关重要的作用。所以，我们还应运用意志控制自己的注意力，让自己始终关注那些积极正面的事物。我们应当确保自己脑中所描绘的致富蓝图还有我们的愿望追求都是积极而美好的。只有这样，我们才能将那些积极而正面的影响施加给宇宙能量。不然的话，我们施加给它的就只能是消极负面的影响，而在这种情况下，我们越是意志力坚定，就越是远离了致富之路。

用自控的力量消除贫穷

要想致富，我们就毋须把贫穷放在心上。

如果我们只关注事物的反面，那么我们得到的也只能是反面的事物。如果你只关注疾病，那你的身体就不会健康，因为健康的身体是与健康的心灵紧密相连的；如果你只关注罪孽，那你就不能培养出正义的品性，因为是对美好事物的追求和向往才孕育出了正义；同理，如果你只一门心思地思考和钻研贫穷，那你也只能更加贫穷。

以研究疾病为目的的医学可能使得疾病的种类大大增加；以消除罪孽为宗旨的宗教，可能加速了罪孽的发展；而一直以来始终将贫穷作为关注点的经济学，会使得这个世界变得更加贫穷且物欲横流。

所以，请大家不要盯着贫穷不放了，也不要再去研究到底是什么导致了贫穷。因为贫穷和我们一丁点儿关系也没有。

那么，什么才和我们有关？答案只有一个，那就是财富。

此外，还有一点需要提醒大家注意：当我们拥有了财富之后，也不要在福利院或慈善机构上浪费自己的时间和精力。我之所以这样说，是因为尽管慈善的本意是希望消除世上的一切不幸，但事实上，慈善却只会让世间的悲剧进一步延续下去。

不过，请千万不要误会，我这样说不是想让你变成一个冷酷无情、对一切饥寒困苦都视若无睹的人。

我想说的是，想通过传统的慈善活动来根除贫穷的方法并不可取。正确的做法应该是：别再为了贫穷费神，把与此有关的一切都通通抛到九霄云外，集中你的全部注意力在致富之路上勇往直前。

帮助穷人的最好办法，就是让我们自己先富裕起来。如果每个人都为致富而努力，那这个世界上的穷人肯定会越来越少。

如果我们满怀信心地想勾画出清晰美好的财富蓝图，又怎能总是被贫穷所困扰？如果我们拥有坚定的致富信念，又怎能没有渴望和追求？如果我们想实现致富梦想，又怎能没有坚定的信念做动力？

反过来讲，熟悉贫穷对我们没有丁点儿好处。不管我们对贫穷了解得有多透彻，也不能帮助我们消除它。而唯有将贫穷的景象从我们的头脑中彻底抹去，满怀信心地踏上致富之路才是消除贫困的最好办法。

所以，要将我们的大脑与所有反映痛苦和贫穷的阴暗报道隔离开来。不要让我们的视线触及那些反映贫寒者悲惨生活的书刊杂志，切记，要远离这些东西。

这样做并不代表我们已经将那些生活在贫困中的人们抛诸脑后了。我们应该明白，对穷人来说，真正的帮助是对他们精神上的鼓舞，而不是同情和施舍。施舍只能给穷人一块面包，解一时之急，却不能解决根本问题，他们在得到了一时的安慰之后仍然无法摆脱悲惨的境地。而只有精神上的鼓舞，才能激励他们走出困境，摆脱贫困。

如果我们发自内心地希望这个世上不再有穷人，那就要从我们自己开始，先让自己摆脱贫困。因为，每一次致富经历都是一个穷人也能变成有钱人的有力证明。

让大家都来证实，贫困是可以从地球上消失的。其原因不在于关注它的富人数量在日益增多，而在于越来越多的穷人拥有了致富的信念和决心。

让大家都成为本书中所讲的理念的实践者吧，让越来越多的人变得富有起来吧，唯有如此才能消除贫穷。

大家还要牢记一条法则：致富的根本在于创造和孕育；只有急功近利的人才会选择掠夺与竞争。

只有创造出来的财富才能长久，利用竞争和欺诈夺来的财富，总有一天还会被别人夺走。不要做有违致富法则的事情，只有创造才能致富，所有阴谋诡计都是与致富法则相背离的。

利用竞争富起来的人，总是活在身边会出现更强大的竞争者的恐惧中。为此，他们会绞尽脑汁地为那些想富起来的人们设置障碍。我们甚至能想象出这样的画面：每一个通过竞争富起来的所谓的成功者都会卑鄙地拆掉他赖以成功的阶梯，原因是他不想被别人取代，害怕那些后来者超越自己。而凭借创造富有起来的人则完全不同，他们在为后来者开辟道路的同时还会发挥榜样的作用，引导无数后来者通过新的创造将这条致富之路进一步拓宽，实现各自的财富梦想。

所以，不要再盯着贫穷不放了，不要再去关注它、谈论它，也不要再去研究那些导致贫穷的种种原因。让我们告诉世人，我们不是不关心世间疾苦，而是要将精力留给自己，要运用意志的力量坚定自己的致富信念，号召更多的人们走入致富行列，让贫困远离我们，直至彻底消失。

第 10 章 给自己打上"富人"的标记

The Science of Getting Rich

- 始终关注积极正面的信息。
- 关注贫穷只会更加贫穷。
- 贫穷只是暂时的，富裕才是永远。

世界上只有财富没有贫穷

如果我们总是把注意力用在关注贫穷上，那么不管是现实的贫穷还是想象的贫穷都会浪费我们一部分思想和精力，从而使得我们无法再顾及财富问题。

不要总对自己在致富过程中曾遭遇的窘境与不顺念念不忘。就算它曾经深深地伤害过你，也不要总是嘴里念着，心里想着，我们要做的是忘却。

不要总是沉湎于过去的贫穷里或总是不断地谈论贫穷，比如给别人讲述我们艰难的童年生活，或是我们的父母是如何的困窘。这样做，只会从思想上将自己归入穷人的行列，为自己贴上穷人的标记。而这只会使我们对美好生活的憧憬受到冲击，追求财富的信念受到压抑。更为严重的是，我们等于是在搬起石头砸自己的脚，自己阻断了自己的致富道路，从而使得自己与财富擦肩而过。

“尘归尘，土归土”。把过去的贫穷彻底忘掉吧，不要再去关注任何与贫穷有关的事情，将你的全部精力都放在致富上吧！

我们要永远坚信：幸福和希望终会实现，因为这是宇宙智慧的结晶。但是，如果我们一再改变观念，让行为背离自己的目标，那最后也只能是徒劳无功。

不要再去读那些消极、阴暗的文章，不要相信那些宣扬世界末日即将来到的宗教，更不要理会那些悲观的哲学家们的思想，相信他们所说的世界即将走向沉沦和毁灭的观点。因为这个世界不仅不像他们所说的那样，事实上刚好相反，它正变得越来越和谐温暖，美好富足。

虽然现实中还有许多不和谐的、令人伤感的事情存在，但这些事物和现象必然会随着时代的发展和人类社会的进步而逐渐被淘汰直至彻底消亡。

既然我们已经知道这一切终将会消亡，而对其过分关注只会延长它们的寿命，那研究它还有什么用？既然我们能通过自身的发展推动社会的进步，那我们何必还要再继续关注它并为此浪费我们的时间和精力呢？

在你一无所有的时候，谈什么安稳生活

就算世界上仍有一些地区或国家的人民生活在贫困中，其情其景使人怜悯，我们都不应在这上面浪费时间和精力，因为沉湎其中只会让我们失去致富的良机。

自信是最大的能量

不要为这个世界上现存的贫困而忧心忡忡，我们要相信，在不久的将来，整个世界一定会步入富足。

我们要时刻谨记：通过创造而不是利用竞争的手段，让自己先富起来是我们能帮助世界富裕起来的唯一途径。

请大家凝聚所有力量去创造财富吧，不要再去关注贫困。让我们相信，**这个世界只有富足，根本没有贫困。**

没错，的确还有一些人挣扎在贫困线上，那是因为他们忽略了本应该属于自己的财富。我们能提供给他们的最好的帮助就是为他们做一个榜样，让他们看到我们的富足和我们的致富思想、方法，以便他们从中悟出一些道理，了解和认识到：这个世界本就是富足的，只要勇于探究，致富就不再只是梦想。

世界上还存在这样一些人，他们思想上是懒惰的，所以一直没有富裕起来。他们很清楚世界的本质是富有的，却宁可甘于贫困也不肯开动脑筋去想如何致富，更不要说采取什么致富的行动了。同样，我们能提供给这部分人的最好的帮助还是让他们看到我们的富足，用我们的富足与美好感召他们，刺激他们，用我们的致富思想与方法对他们起示范作用。

此外，还有一些人，他们也知道世界原本是富足的，也愿意付出努力去追寻致富之道，可是却仍然在贫困线上苦苦挣扎。这是因为，他们过于单纯迷信某种理论或是某种超自然的力量。这使得他们的思想和行动很难统一，所以在致富之路上一再遭遇失败。对于这种人，我们更应该为他们树立榜样，以此警醒他们。

所以，让我们把穷困者当成正在走向富足的人，来祝福他们吧。让我们时刻提醒自己，不要用同情的眼光看待他们，只有这样，这些暂时的贫穷者才能从我们身上得到启发和鼓舞，满怀信心地踏上正确的致富之路。

只有让自己成为一个真正的富有者，才是对这个世界做出的最好的贡献。我相信，成为一个真正的富人应该是所有人穷尽一生孜孜追求的，这是个涵盖整个人生的伟大目标。高贵的心灵、健康的体魄和完美的人生，这些只属于真正的富有者。

在这里，我们还要强调一件事：如果你认为这本书传递出来的致富理念和法则是正确可信的，那就别再碰其他有关致富的读物了。也许你会认为，这种说法太过狂妄、狭隘，但请大家仔细思考一下：难道说在代数学科中还有比加、减、乘、除更值得研究的基本运算法则吗？难道说在几何学科中，两点之间还存在比直线最短的其他可能吗？虽然通往顶点的路有很多条，但总会有一条是最便捷也是最科学的，而这就是我们的选择。让我们沿着它赶紧踏上征程吧，把其他一切的诱惑、干扰都抛到九霄云外，凝聚精力走好这条通往致富的便捷之路，在财富的巅峰处，我们再聚！

请随身携带这本书，只要有时间就拿来研读一遍，让它的内容深深植根于你的头脑中，不要再去想别的一些理论体系。不然，就有可能因被其他观点干扰产生动摇而导致行动的失败。

此外，我们要让自己的心态始终保持积极乐观，我们可以多看一些内容积极的评论与报道，不要去管什么超自然的研究，也不要理会什么神学、灵性论或是种族决定论。也许他们说的都是真的，真的有什么我们感知不到的神灵就存在于我们身边，或许现在他就正站在我们身后。可是，那又如何，随便他们好了，难道还要指望

一个人可以非常清贫、困顿、低微，但是不可以没有梦想

那些虚无缥缈的东西为我们提供帮助吗？这个问题可绝对有待商榷，最起码，我对此是持怀疑态度的。在我看来，信奉那存不存在还是未知数的神灵远不如依靠自己来得实际，只要我们能专注自己的事情，对如下事实坚信不疑，那成功就指日可待：

宇宙原始能量的规律运行孕育出了世间万物。而宇宙空间的每个角落里都有宇宙原始能量的存在。

因所依照的规律不同，宇宙原始能量的运行创造出了不同的运动过程或不同的物体。

人类可以通过自己的思维构想物体，并把自己的思想传递给无形的宇宙原始能量，通过宇宙原始能量的运行创造出我们所构想的物体。

为了能够创造出自己想要拥有的一切，所有人都要通过“创造”而不是“竞争”致富。先在我们脑海中构想出财富愿望的蓝图，然后将其深深地铭刻在心中，坚信我们的愿望终会成真，这种坚定的致富信念，会为我们阻挡一切可能削弱我们的意志和渴望使我们发生动摇的外物与思想的，使我们不被他们所困扰。

记住，坚信这一切，并按“特定的方式”行事，就会走向富足。

自信的人，可以化渺小为伟大，化平庸为神奇

第 11 章

富人相信打拼，穷人幻想暴富

The Science of Getting Rich

- 无论你想做什么都该先付诸行动！
- “特定的方式”是我们的行动导航。
- 行动起于当下，而不是未来。

就是现在，马上行动起来

人类的思想是极富创造力的，它就如同一颗深藏的火种，一经点燃就能燃起现象力的熊熊大火。而以“特定的方式”思考则使人类走向富裕变成了可能。但是，只靠思想也不可能真正实现致富的目标，还缺少一样重要的东西，那就是——行动。

那些白日梦想家最后只能竹篮打水一场空，其原因就在于没有将思想和行动有机结合在一起。

所以，像你我一样的普通人，就更应该清醒地告诉自己：只靠空想我们是无法达成目标的，因为我们没有超能力，所以我们需要行动。也许在将来的某一天，人类真的可以进化到拥有某种超自然的创造力的阶段。可是今天，我们不得不承认，我们都没有这种能力，想要不耗费体力，只凭思想就随意地支配无形的宇宙原始能量，不经历自然进化的过程，直接创造出我们所需要的事物，这根本就不可能。

所以，我们不仅要让自己的思考方式与宇宙原始能量的运行规律相符合，还要用“特定的方式”去行动。只有把这些早已烂记于心的理论和方法与实践结合起来，才能实现我们的财富梦想。

设想一下，只凭借思想的力量，就能让埋在深山中的金子向我们走来，它会自己完成自己的开采、冶炼，再把自己铸造成双面鹰金币，然后经过长途跋涉，高高兴兴地跑进我们的口袋。

这显然是白日做梦，根本就不可能。

正是因为有宇宙原始能量高高在上掌控着一切，世间万物才能有条理地运转，我们才有可能得到我们梦想的黄金——首先，是金矿开采、黄金买卖这些行业的存在，才使黄金来到我们身边成为可能。当然，我们也必须马上开始行动参与进来，先把自己该做的事做好，为迎接黄金的到来做好充分准备。这样，那些长埋在深山中的金矿才最终变成了我们手中的金币。

这是一个漫长而曲折的过程，期间一切参与进来的人和物，都在为了我们按照某种既定的法则直接或间接地运转着。世间万物，无论是不是有生命的，都间接地受到我们思想的影响，为我们制造和生产一切我们所需的事物。

要想达成我们的目标，不仅要利用思想的力量，还要以“特定的方式”去行动。我们不能依靠施舍，也不能利用偷盗来得到我们所需的东西。不仅不能这样，还应该在得到东西之后，投桃报李地用数倍于己的价值回报给他人。

所以现在，我们可以得出这样一个结论：要实现致富的愿望，以下两个要素是我们必须要遵循：

一、按“特定的方式”进行思考。

首先，我们要启动意志的力量在自己的脑海中勾画出一幅能包含我们一切愿望的清晰蓝图。此外，还要发挥我们的自控力激励自己坚守致富的信念永不放弃。最后，我们要时刻不忘抱有一颗感恩之心。

我们之所以要按照“特定的方式”进行思考，原因还在于：想用神秘而抽象的方式表达自己的思想，并想使其为己所用，这种想法有害无益，因为这不只是徒劳的，甚至还有可能对你的思想能量造成损害，妨碍你的行动。

你不赶快行动起来，怎么能看到未知的美景

二、按“特定的方式”展开行动。

只有当我们按照“特定的方式”进行思考时，宇宙原始能量才能够有效地接收到我们传递出去的愿望图像，也才能快速地启动宇宙间所有的创造力量为我们工作。只有这样，我们才能和宇宙能量达成一致，使这些创造力量按照它们特有的行为方式进行规律性的运转，为我们实现愿望图像。

在这一过程中，我们并没有监督或控制宇宙原始能量，而是通过坚守致富目标、保有清晰的致富愿望、坚定的致富信念及时刻不忘感恩这唯一一种方式来对它产生影响。

当然，要想获得财富，仅做到从思想上影响宇宙原始能量还远远不够，我们还应当按照“特定的方式”去行动，在行动上与宇宙原始能量的运行保持一致，唯有如此，才能达成目标。而即使达成了目标，我们也要谨记，要对自己手中的财富善加运用，使它们充分发挥作用。

在我们身边经常会出现这样的事情：当我们终于接近了那些我们梦寐以求的东西时，才发现它仍是别人的。而只有付出同等价值的东西我们才能得到它，“给出属于他的，获得属于你的”。

思想与行动和谐统一

我们很清楚，没有人能够幸运地拥有一个随时都装着满满的黄金钱袋且不用付出任何劳动。思想必须和行动有机地结合在一起，这在致富学问当中是至关重要的。

可能我们也曾看到过这样一种情况：有些人的致富愿望也很强烈、很持久，也曾在经意或不经意间运用创造力去创造过财富，可是，他们至今也没有摆脱贫困，这是为什么呢？原因很简单，那就是因为他们在行动前做的准备不够充分，不懂得该怎样获得那些已经来到他们身边、本该属于他们的财富。

我们可以通过思想的力量创造出我们想得到的东西，并把它带到我们身边来。

我们可以通过行动的实践，来得到那些已经来到我们身边、本该属于我们的财富。

无论我们要做什么，行动必须从现在开始。

不要再沉浸于回忆中无法自拔，这是徒劳无功的。**我们不可能回到过去，也无法改变已经成为过去的事情，那么，索性就忘掉它吧！**这样做会使我们心中的致富蓝图变得越发清晰具体，让我们的财富欲望变得更加强烈。

未来的事情离今天还有一段距离，还没有出现，所以，我们也无法去未来展开行动。手里做着今天的事情，脑袋里却想着明天未发生的事情，这样三心二意只会使你现在做事的效率降低。不要浪费你今天的时间去为明天制定什么应急措施。我们要相信，我们绝对有能力应对明天来临的突发事件。

让我们把所有的思想和精力都放在今天的工作上吧！

不要以我们现在还没有进入适合的行业，或是还没有找到适合的工作环境为借口而不肯去行动；更不要以为只要将想致富的愿望传递给宇宙原始能量就功德圆满可以坐等财富的降临了。如果真的这样做，只会让我们与财富擦肩而过。

你的一步行动，比十个构想还重要

马上付诸行动吧!不是行动于过去，也不是行动于未来，而是行动于现在，此时此刻。过去已经不属于我们，未来还未到来，所以我们只能行动于此时此刻，让我们从现在开始行动起来吧，为迎接属于我们的财富做好准备吧。

不管行动的具体内容是什么，最有可能的还是要我们针对自己所处的人际关系和正在处理的具体事务履行现有的职责。不在我们职责范围内的事务我们不可能去处理，过去曾经属于我们职责范围内的事务如今也不归我们处理，而未来也许是我们职责范围内的事务更是遥不可及。所以，我们现下要做的就是，踏踏实实地在自己的岗位上努力工作，完成今天应该完成的任务。

把今天的事情做好，不要再去回忆昨天的工作表现够不够出色。

明天的事明天再去做，到时自然会有充足的时间让我们去做。

没有任何神秘力量能帮我们完成那些在我们能力范围之外的人和事。

要用实际行动去改变环境，不要一直等到环境改变之后再去行动。

我们要时刻坚定自己的致富梦想，不要异想天开只顾着做白日梦，要珍惜现在的美好时光，朝着我们的目标奋勇前进，立刻行动起来吧，现在就开始。

只要你做的对，就能在现在所处的环境中为自己创造出更好的环境来，为此，你要足够自信，相信自己一定会有在更好环境中工作的机会，同时，还要竭尽全力地做好目前的工作。

不要总想尝试那些新奇的事，想要独树一帜、一举成名，这并不是你在致富之路上该迈出的第一步。

也可能在一段时间内，我们做的还是那些过去一直在做的事。可即使是同样一件事情所用的方式也不再相同了：**我们要用“特定的方式”而不是过去的方式做事。这才是致富之路应该迈出的第一步。**

也许我们现在所做的工作并不合我们的心意，但是不要为此而心灰意冷，消极等待，也不要只是一味抱怨自己被放错了位置，总想着等找到合适的工作后再去努力。难道这个世界上真的有人会因为入错了行就再也进不了适合他的行业，因为被放错了位置，就再也找不到适合他的位置吗？这显然很荒谬。

我们要在心中一直存有进入理想行业的愿望，并相信自己正在通过努力不断缩短和这一目标之间的距离，相信我们最终一定能将这个愿望变成现实；当然，要想实现这个愿望更为重要的一点是，我们要从现在的工作做起，马上开始行动。

想要获得更好的工作机会，就要充分利用现有的工作；想要获得更好的工作环境，就要充分利用现有的工作环境。

只要我们能够坚定信念，相信我们一定能够找到适合我们的工作，那么我们所渴望的工作一定会来到我们身边；此外，如果我们能按“特定的方式”行事，就能逐渐缩短我们与目标之间的距离。

如果你只是一名工薪阶层的普通员工，当你认为只有跳槽才能获得你所希望得到的财富时，切记不要认为只要把愿望传递给宇宙原始能量后就可以坐等新工作从天而降了，如果这样的话，你是不可能成功的。

我们要将想得到更好工作的愿望牢记心中，并为实现这个愿望而全身心地投入到现在的工作中去。我相信，如此一来我们一定能找到理想的工作，最终完成我们的财富梦想。

我们坚定的信念和美好的愿望会启动宇宙中的创造性力量，把我们需要的东西带到我们身边；我们的行动会激活环境中的有利因素，把我们带到我们想去的地方。那里就是我们的梦想变成现实的地方。

在本章结束之前，我们还要再次强调本书的致富理念和方法：

宇宙原始能量的规律运行孕育出了世间万物。而宇宙空间的每个角落里都有宇宙原始能量的存在。

因所依照的规律不同，宇宙原始能量的运行创造出了不同的运动过程或不同的物体。

人类可以通过自己的思维构想物体，并把自己的思想传递给无形的宇宙原始能量，通过宇宙原始能量的运行创造出我们所构想的物体。

为了能够创造出自己想要拥有的一切，所有人都要通过“创造”而不是“竞争”致富。先在我们脑海中构想出财富愿望的蓝图，然后将其深深地铭刻在心中，坚信我们的愿望终会成真；这种坚定的致富信念，会为我们阻挡一切可能削弱我们的意志和渴望使我们发生动摇的外物与思想，使我们不被他们所困扰。

我们将会得到我们所需要的一切东西。为了顺利地实现这一愿望，我们必须立刻开始行动，以“特定的方式”从我们身处的环境中开始做起。

再瑰丽的幻想，也不过像泡沫一样转瞬即灭

第 12 章

专注于效率，就能超越自我

The Science of Getting Rich

- 成功的超越者把效率放在第一。
- 做事应重质不重量。
- 高效率的行动造就成功的人生。

做细节的精神，做大事的速度

我们一定要坚持将前几章中阐述过的致富观点和理念当成自己思想的指南。在它的引导下确定好我们的方向，马上开始竭尽全力地去做那些我们现在就该做的事。

自我超越使我们不断地成长和进步，而超越自我就是要求我们将手中正做的事做得更加完美，最大限度地发挥自己的能力。

正是因为有自我超越者的推动世界才能不断地前进。

如果没有人肯尽职尽责好好工作，那整个社会必将陷入倒退。而这些不能恪尽职守的人，只会变成社会、政府，还有工商业发展的累赘。为了承担这一重负其他人要付出巨大的代价，整个世界也因此而不得已放缓了前进的步伐。这些不能尽责尽力的人只属于过去，属于困窘，他们堕落又不求上进。如果每个人都是这样，社会又怎么可能向前发展？

个体的发展与进步推动着整个人类社会的发展，物种的进化使得自然界得以演变。如果某一物种与同类相比生命力更为强大，那么经过不断发展和自我超越，它就能达到一个更高的水平。一个新物种就由此产生了。

显然，如果生物不能超越自我，就不可能产生什么新的物种。而这一生物进化法同样适用于人类社会，换句话说，如果人类不能超越自我，那么就不可能成就什么事业，也无法实现自己的致富目标。

我们生命中的每一天都要么是成功的要么是失败的。判断的标准主要是看我们在这一天中是否得到了自己想要的东西，实现了今天的目标，如果是，就代表成功，反之，则意味着失败。要是每天都是成功的，我们肯定可以富裕起来；要是每天都是失败的，我们就只能继续在贫困线上挣扎。

不要小看这些似乎微不足道的失败，往往就是这些看似无关痛痒的小事却会引起让人无法想象的连锁反应。

即便是一件很微小的事情，也可能会导致一个我们想不到也控制不了的后果。所以即便是小事也不能忽视，因为很可能会严重影响我们所谓的“大事情”。繁杂的世事、复杂的人际关系让我们如同雾里看花一般弄不清它们之间的渊源。所以，如果不把这些小事放在眼里，或是没有好好地处理它们，那恐怕我们的致富之路就要变得更加漫长了。

没错，我们要过好每一天，要为此而竭尽全力。

不过，要重视小事并不是说要你无论大小，事必躬亲。不管做什么都要把握好 “度”，要分清轻重。切记不能盲目做事也不能过度疲劳；不要贪多求快；不要把明天的事情拿到今天来做，更不要试图在一天内完成一周的工作量。

其实，真正重要的是做事的效率和质量，而不是看你做了多少事。

每一次行动的结局只有两种——或是成功或是失败。

每一次行动的表现只有两种——或是高效或是低效。

所有低效的行动都必定会以失败收场。如果我们花费了所有时间做的都是这些低效的事，那我们的整个人生也就是失败的。如果你做事的效率始终很低，那么，做得越多错得也就越多。

而高效的行动则与之刚好相反，因为它本身就是一种成功，所以，**假如我们能保证一生中所有的行动都是高效的，那么我们的人生也就是成功的。**

低效的工作做得太多，高效的工作却做得太少，这往往就是造成失败的主要原因。

所以，不言而喻，如果我们始终都能坚持高效率地工作，那么，经年累月之后，我们必将变得富有。如果我们从这一刻开始就坚持高效率地做好每一件事情，那你还会发现，原来同数学一样，致富也是一门精确的科学。

如此说来，问题的关键就在于：我们能否成功完成每一件看似独立的事情?

不必怀疑，答案当然是：可以。

用专注的力量做好一件事

世上所有的力量都在为我们服务，这些力量是必胜的，所以我们所做的每一件事都会成功。只要我们用信念和行动调动所有的力量，让它们听从我们的指令，发挥出它们最大的功效，就能高效率地完成每件事。

每一次的行动不是强势的就是弱势的。当我们以“特定的方式”行动时，每一次的行动就会表现出强势和高效，只有这样我们才能实现富裕。

在每一次行动中都将自己的愿望牢记于心，并坚信它一定会实现。这样，我们的行动才能是强大的、高效的。我们可以将强烈的愿望和坚定的信念称为“内在动力”；只有动力足了，爆发出来的内在力量才能强大，我们的工作效率才能得到提高，才能使我们的行动表现出强大的效果，才能顺利地完成任务。

那些将思想和行动分开的人正是在这一点上遭遇了失败。此时此地他们正在做着某一件事情，可心里想着的却是发生在另外一个时间、地点的另一件事。所以，大多数情况下，他们的行动都是低效的即失败的。所以，只要我们对每一次行动都倾注自己的全部力量，那么，不管这个行动是否重要，它都代表着一种成功。按照自然法则推算，每一次小成功都会成就更多的成功。所以，当你再向着自己的目标前进奋斗时，你会发现，自己越走越快了。

我们一定要牢记：正是有了每一次的成功，才能积累出最终的成功。世间万物的天性就是渴望更丰富多彩的生活，随着人们在通往成功的道路上不断前行，人们的视野得到开阔，接触到的人和事物也在不断地增加，而人类的愿望对周围的影响力也随之不断地增加。

在自己的能力范围内，竭尽全力且高效地完成当天该完成的事。

我曾在前文中提到过，无论一件事情是否重要，我们在完成它的时候都不能忘记自己的愿景和目标。当然，这并不意味着，你要时刻想着那些愿望的细枝末节。

你可以利用你的空闲时间去想象自己愿景的所有细节，将其铭刻于内心深处。记住，如果你想快一点富有起来，就不要在工作时思考财富愿景的工作，这项工作只要闲暇时做就可以了。

一幅非常美好的愿望蓝图，通过我们反复的思考被逐渐勾勒出来。它是那么的清晰、具体，甚至就连最细小的愿望也都包含在内。我们应该牢牢地记住它，这样就能保证我们在工作时，只要一想到它就会信心倍增，就能更加努力地工作。即使是工作之余，你也不妨静下心来好好构思一下这幅蓝图，直至它占据你的思想，让你很轻松地就能想起它来。

这样，你就会对自己的美好未来充满希望，甚至只要一想起它来，就感觉有用不完的力量。

在结束对本章理念的叙述之后，我们再来做一个总结：

宇宙原始能量的规律运行孕育出了世间万物，而宇宙空间的每个角落里都有宇宙原始能量的存在。

因所依照的规律不同，宇宙原始能量的运行创造出了不同的运动过程或不同的物体。

人类可以通过自己的思维构想物体，并把自己的思想传递给无形的宇宙原始能量，通过宇宙原始能量的运行创造出我们所构想的物体。

为了能够创造出自己想要拥有的一切，所有人都要通过“创造”而不是“竞争”致富。先在我们脑海中构想出财富愿望的蓝图，然后将其深深地铭刻在心中，坚信我们的愿望终会成真；这种坚定的致富信念，会为我们阻挡一切可能削弱我们的意志和渴望、使我们发生动摇的外物与思想，使我们不被他们所困扰。

我们将会得到我们所需要的一切东西。为了顺利地实现这一愿望，我们必须立刻开始行动，以“特定的方式”从我们身处的环境中开始做起。

世界上只有两种人：高效率的人和低效率的人

第 13 章

兴趣爱好是人生最重要的财富

The Science of Getting Rich

· 我们有权做自己想做的事情。

· 用兴趣致富可以让人的精神得到满足和愉悦。

· 爱好是实现致富的加油站！

不管一个人从事的是什么行业，从某种程度上来讲，他的成功与否都在于他具不具备该行业所要求的专业特长。

想成为一名优秀的音乐教师，却没有出色的音乐天赋这很难办到；想在机械领域挥洒自如，没有很强的动手能力一切努力都是白费；而想成为一名成功的商人，没有机智老练的经商头脑则更是难上加难。

不过，就算我们具备了某种我们所从事的职业所需要的特长，也不意味着我们就能实现自己的财富梦想。比如，一些音乐家具有得天独厚的音乐天赋，但是，终其一生都贫困潦倒；有些木匠、铁匠拥有高超的手艺，却始终与贫穷为伍；有些商人善于交际，但仍旧没有走上富裕的道路。

如果说**在人们实现财富梦想的过程中所具备的各种才能就如同工具，那我们说，与拥有一把好工具相比，该如何正确使用这些工具也同样重要。**我们会看到，有的人做出一件漂亮的家具所需的工具只是一把锋利的锯子、一把标准的直角尺和一个好用的刨子；而有的人即使拥有同样的工具却会因不懂合理使用它只能做出一件质量很差的仿品。我们的才能也相当于是工具，所以，要想实现致富的愿望重要的不仅仅是要拥有这些工具，在工作中合理地利用它们，使它们充分发挥出自己的作用也是同样重要的。

一般来讲，如果你拥有所从事的行业需要的卓越才能，那么，你工作时一定比别人更轻松，也更容易获得成功。通常情况下，你做的行业越是能发挥你的特长，你就越能做得更好、更优秀，因为你天生就是干这一行的料。当然，这种说法还存在着一定的局限性。我们也不能就此认为，因为自身资质有限，所以我们不能有更多的选择，只能从事一些有限的行业。

无论从事哪个行业，我们都有致富的可能。哪怕我们没有天赋来做这一行，但我们仍然可以发展和培养相应的才能。这也就是说，我们不能只依靠那些天生就有的现成“工具”，而是要在成长过程中不断地制造属于自己的“工具”。没错，如果我们在某方面有出众的特长，那么，在一些需要这些特长的行业中，我们就会成功得更容易。但实际上，不只是这些可以发挥我们特长的行业，应该说，在所有行业中，我们都有可能成功，因为我们可以在自己天生就有的素质和潜能的帮助下，通过学习获得任何工作所需的基本能力。

在你喜欢并擅长的领域中辛勤工作，这是取得成功并实现致富最容易的方法。而且这样做带来的不仅是财富，还能使精神上得到满足和愉悦。

做自己想做的事情，是人生的基本权利，也是生命的真谛。如果我们做的事都不是自己喜欢的、想做的，而是迫于无奈不得不做的，又怎能有真正的幸福可言？我们相信，每一个人都可以并且有能力做自己想做的事，因为如果你有这种愿望，就说明你具备相应的才能和潜质。

内心的渴望就是力量的体现！

如果我们很想演奏音乐，这代表的是我们身上所具有的演奏音乐方面的技能正在寻求表现，并希望得到进一步的发展；如果我们强烈地渴望研究发明机械设备，这就意味着我们身上所具有机械方面的技能正在寻求表现，并希望得到进一步的发展。如果我们强烈渴望去做某件事，那么这种愿望本身就说明，我们在此方面拥有很强的潜能。而我们要做的，就是好好运用它，让它得到进一步发展。

如果所有条件都相差无几，此时我们就应该尽可能地选择一个能充分发挥我们特长的行业；不过，如果我们特别想做某个职业，那就该听从内心的声音，将这一职业当成自己最终的职业目标去为之奋斗。

我们生来就有权去做自己喜欢的，与自己性格相符的、能让自己开心的工作。

谁都不能强迫我们做我们不愿意做的工作，而且，我们本来也不该做这样的工作，当然，如果说可以通过它找到我们喜爱的工作，那就另当别论了。

也许因为受到了从前一些失误的影响，我们现在所从事的行业和工作环境都不合我们的心意，所以，在这样一段时间里，我们只能不得已地去做那些我们压根就不愿意做的事情。但是，如果你能想到，现在的这份工作中蕴含着机会，可能会帮我们找到自己真正喜爱的工作，那么，在做起这份工作来你就会觉得很开心了。

就算你觉得现在的这份工作并不适合你，也不要急着马上换工作。因为，**只有通过自身的发展因势利导，从现在所从事的工作中寻找更好的机会，才称得上最好的转换行业或工作的方法。**一旦机会到了，经过认真思考确定这真的对自己有利时，就不要怕会因此而产生的突然的、彻底的变化，要马上抓住它。不过，如果你不能确定这是否真的是一次很好的机会时，就不能莽撞行事。

在致富之路上，我们不能草率行事，贸然行动，因为在这个创造的世界里，处处都有机会。

一个人的生活里，有没有兴趣爱好，是大不相同的

只要我们不再一心想着竞争致富，就根本不需要操之过急。没人能阻止我们做自己想做的事情，我们也不需要和别人竞争。如果你看中了一个职位，觉得很好，但是那个位置上已经有人了，那么，别急，一定还有一个更好的职位在未来等着你，我们有充足的时间去获得它，因为人人都有属于自己的位置和机会。

因此，如果你开始犹豫不决，那就静下心来重新审视自己的愿望，让自己致富的信心和决心更加坚定。除此之外，还要尽量培养我们的感恩之心。

花上几天的工夫去认真思考自己究竟想得到什么，并对自己已经得到的东西满怀感恩。这种做法能保证我们行动的正确性，因为这是使我们的思想更接近“特定的方式”的做法。如果我们的感恩之心确实够真诚，万能的宇宙原始能量就一定能感知得到，并与我们坚定的信心和决心达成统一，使我们进步。

假如一个人行事莽撞，或是畏首畏尾，或是干脆不记得自己的愿望是什么，那他就一定会犯错。

只要以“特定的方式”行事，我们获得的机会就会越来越多。我们要坚守自己的信心和决心，以感恩之心与宇宙原始能量的智慧一同前进。

我们要竭尽全力地做好每一天的工作。而且，做事的时候，切忌焦躁忧虑、畏首畏尾，亦不可操之过急。要知道，加快速度并不意味着你要莽撞行事。

如果你想成为一个财富的创造者，就要切记，时刻保持冷静，不能莽撞行事，否则，你只能成为一个财富的竞争者，只能退回到可悲的过去。

不管在哪里，只要一发现自己心存疑虑正在莽撞行事，就一定要命令自己停下来，重新思考自己的目标，并对已经得到的一切满怀感恩。我们要时刻谨记，增强信心、坚定决心最有效的方法就是要有一颗感恩之心！

无论从事哪个行业，我们都有致富的可能

第 14 章 满足于百万财富的人不算富翁

The Science of Getting Rich

· 进取之心能够激发对财富的渴望。

· 没有得不到的，只有想不到的。

· 强权和竞争不是积极的进取。

时刻给人不断进取的印象

不管你是不是有换份新工作的打算，你现在所做的一切都应该与当前的工作密不可分。抓紧目前工作中的一切可能为自己创造机会并按照“特定的方式”行事，才能为今后从事自己喜欢的工作或进入自己喜欢的行业打好坚实的基础。

假如你做的工作需要你与别人打交道，那么，不管是直接接触还是书信往来，都要尽量让别人感觉你时刻都在进步。每个人内心深处都在渴望不断进步，渴望自我发展，渴望自身价值得到更完美的体现，这是人类内心的无形智慧不断作用的结果。

追求自身发展与进步同样也是推动宇宙万物不停运动的原始动力，是自然界的本性所在。追求自身的发展与进步是人类一切活动的基础。人们都希望自己的衣食住行变得更丰富，都想让自己变得更优雅、更加充满智慧、更有情趣……总之人们都希望自己的生活变得更加美好。

持续的发展是自然界中所有的生物都孜孜以求的，如果这种追求停止了，那等着我们的就只有瓦解和死亡。

这一自然规律作为一种本能一直存在于人类的潜意识之中。为了追求更加美好的生活，人类从未停止过努力奋斗。这种“不断进步”的自然法则在《圣经》的《马太福音》中曾用智者的寓言被做过如下阐述：追求更多的，才能保住现有的，不然的话，就连现有的也无法保住。也就是我们现在所说的“马太效应”。

渴望得到更多财富的想法是积极向上的，它是人类最美好的愿望，也是人类对富足生活的最美好的向往，不应该受到任何非议。

这种愿望是人们与生俱来的，是发自人类内心深处的人类本能。所以，不管是在哪里，也不管是什么时候，那些能为他人实现致富愿望提供帮助的人无疑都是受人欢迎的——这是我们经常会看到的画面。

依据前几章内容得到的启示，如果我们能以“特定的方式”行事，不但自身会不断地向前发展，与此同时，还能将这种发展与进步带给我们的合作伙伴。如此一来，我们就会成为一个极富创造力的中心，将进步和发展发散到各处。

无须对这种做法的效果心存疑虑，只需坚定地把这种“不断进步”的印象传递给所有和我们打交道的人，无论男女老幼，全都包含在内。不管交易是大是小，即使只是卖给孩子一根小小的棒棒糖，也要让他意识到我们的进步和发展，让周围的每一个人都感受到我们无比坚定的信心。

不管做什么，都要让别人感到我们是在不断进步的，只有这样，才能给那些与我们打交道的人留下我们不仅是一个积极的，也是能够带动他们向前发展的人的印象。传递这种“我们在不断进步”的印象是不需要区分对象的，就连那些与我们在生意上没有任何交集、只是在社交场合结识的，甚至是那些我们根本不打算跟他们做生意的人也包括在内。

坚定信心，相信自己正在不断地向前发展、正在获得越来越多的财富，让我们在每一次的行动中都拥有这种信念，这样我们周围的人才能感受到我们所辐射出去的“不断进步”的力量。

无论在任何情况下，我们都要坚信自己正在不断进步，而且也正在帮助他人进步。让我们时刻不忘保有这种心态，相信自己正在步入富裕，相信自己的致富行动能够带动周围的人，让他们和我们一同富裕一同发展。

但是，我们要记住，“好汉不提当年勇”，不要总是不停念叨、炫耀自己多么功勋卓著。因为真正的成功是无须吹嘘的。

无论何时何地，我们都会发现，**那些喜欢炫耀的人的内心其实是充满怀疑和怯懦的。**而对我们来说，却不需要这样做，只要我们对成功和致富满怀信心，在每一次的交易中都让这种信心发挥作用，从我们的肢体语言中散发出“我们正在走向富裕”的信息，那么，当我们面对大家时，根本无须言语，别人也会感受到我们正在进步，并愿意走近你。

我们要使别人感觉到我们是这样一种人：每与我们进行一次交易，我们都会给他们带来绝对大于他们付出的现金价值的使用价值，所以，如果与我们交往，我们就会带给他们更多的财富。

不断进取的人才能成为卓越的人

在与别人进行交易的时候，要让所有的人感受到我们内心的自豪，这样，才会有越来越多的人愿意与我们合作。大家都知道，人类最原始的本能就是渴望生活富足，所以，人们会自发地聚集到那些能为他们带来更多财富的地方去。希望每一个人都能生活富足也是伟大的宇宙原始能量的愿望，所以，如果它发现你能帮大家致富，就会让越来越多的人走近你，就连那些我们根本不认识的人也包括在内。因为客户越来越多，我们的事业也随之得到发展壮大，我们得到了在意外之外的各种利益，有利因素越来越多，财富也在不断增加。而更重要的是，你还能从事你想做的、与你的个性更加相符的职业。

我们要牢记，无论做什么事情，都要坚定我们的愿望和目标，保持我们实现目标的信心和决心。

为了不被那些危险的行为动机和思想所诱惑，现在，让我们给大家一些忠告和警示。

我们要时刻警惕不让自己陷入危险的诱惑当中，严防追逐强权并且企图控制他人的行为发生。

对权力充满强烈欲望的人，常常是心理扭曲的。只有用强权压得别人抬不起头时他们才会有无上的快感，而这些丑恶的欲望正是这个世界上会有悲剧存在的根源。

自古以来，君主们为了扩大领土总是在频繁发动战争，即使血流成河也在所不惜。而他们之所以要发动战争其实只是为了满足自己日益膨胀的权力欲望而绝不是为了让自己的子民过得更好。

即使是处于文明时代的今天，我们也仍然能看到，一些人在各行各业里为了这种动机而“奋斗”。不同的利益集团操控着金融资本，用无数人的宝贵心血甚至是生命做代价，重复着这种毫无理智却又疯狂至极的争斗。这些商业界的“君主们”已经完全被权力欲望控制住了，与从前的那些暴君毫无二致。

强权的诱惑可谓形式多样：想要高高在上、统治他人，想通过

富足的生活意味着，你可以在生活的细微之处愉悦自己

展示自己的慷慨来吸引他人的眼球……这些都是它的表现，我们要时刻提醒自己，不要让自己陷入这些诱惑当中。

如果竞争心态过度膨胀就会导致追逐强权的恶果，它与创造心态是完全背道而驰的。事实上，**压迫他人并不能让我们成为自己命运的主人，也不能帮我们控制住周围的环境**，不仅如此，若是过于沉迷于争权夺势，命运与环境就会死死地控制住我们，要想致富也就只能依靠运气了。

请大家一定要远离竞争心态。**“我追求的，也要让大家共同拥有”**，这句出自托莱多（Toledo）所宣扬的“黄金法则”中的名言，就是“创造致富”的本质所在。

第 **15** 章

当你追求卓越，就能收获成功

The Science of Getting Rich

- 卓越的人能够带动他人一起进步。
- 卓越更易聚集财富。
- 进取者是万物幸福的根源。

不要安于完成本职工作

不管你是工薪阶层、专业人士还是商人，每个人，只要他梦想着过上富裕的生活，就应该树立成为卓越的人的目标。

不论你是教师还是医生，只要你有成为一个卓越的人的志向，只要你能带动他人一起进步，你就能将他们吸引到你的身边来；而你也会因此获得更多的致富机会，从而实现财富梦想。

如果一名医生想在自己的行业中做得出色和卓越，他就要坚定自己的信念，通过持之以恒的不懈奋斗，倾尽全力地实现自己的理想。只有这样他才能掌握住生命的奥秘，造福于患者，将大批希望获得健康的人吸引到自己的身边来，使自己的事业得到更好的发展。

医生这个职业要比其他行业有更多的机会去实践本书的理念。

如果想做一个出色的医生，是否毕业于高等学府并不重要，因为学校里所教的技术与理论都相差无几，只要肯学习谁都能掌握。作为一个医生，如果他积极要求上进，那他心灵深处就一定印刻着想成为一名成功医生的图像，经过坚定的信念、决心和有感恩之心等原则的指引，竭尽全力使所有可以被治愈的病人恢复健康。

人们的精神领域同样需要启蒙者，他们需要那些卓越的人来告诉他们生命的真谛。这些精神上的导师不仅知道如何致富，还知道应该如何保持健康、培养情操、获得别人的爱戴。大批的人慕名而来聚集在他们身边，聆听他们向人们讲授怎样能生活得更加幸福的理念，人们专心倾听着这些能满足人类共同需求的福音，并发自真心地支持和拥护这些导师。

现在，人们需要这些精神讲师们不只是单纯地讲授理念，更能以自身的奋斗经历向人们示范，幸福生活是怎样得来的。这些被人拥戴的精神导师们身体强健、品德高尚且生活富足，这本身就是一种不言自明的教育。无论是在哪里，这样的导师都会有大批忠实的追随者。

教师发挥的作用也是一样的，优秀的教师，能让孩子对美好生活充满渴望，而这样的教师永远都会受到学生的爱戴。只有那些对生活充满了信心和激情的教师，才能把这种感情传递给他的学生，才能感染和鼓舞到他们。

实际上，这条法则不仅适用于文中所提到过的教师、医生、精神导师，还适用于所有的人。当然也包括律师、商人，或者地产经纪人、保险代理人，等等。

与我们在前文中提到的有关致富的理念和法则一样，这条法则也是一条正确的、能使我们立于不败之地的法则。不管你是谁，只要你能一直坚持严格地遵守这一法则就能获得财富。我再强调一次，指导我们“追求富足生活”的这些法则是一门精准的科学，它既实用又有效，而且就像万有引力定律一样不容置疑。

只要遵循这一法则，哪怕你是工薪阶层也能从中看到希望，找到机会，而不会再因收入微薄而心情沮丧，丧失致富的信心。把消极的情绪抛到九霄云外，把致富的目标清晰地印刻在脑海中，然后，怀抱信念和追求，立刻行动起来吧。每一天都兢兢业业；每件事都力争完美。所做的一切都渗透着致富的决心和成功的信心。

这样做不是为了巴结老板，也不是想通过在上司面前展示所谓的良好表现博得升职的机会。实际上，你的老板很可能不会这么做。

如果你不比别人干得更多，你的价值也就不会比别人更高

对于老板来说，任凭你如何恪尽职守、工作出色并且以此为荣，你充其量也只是一个有价值的好员工而已。给员工升职并不一定与老板雇主的利益相符，而那一丁点儿工资又怎能体现和衡量出我们的卓越呢？

只是出色地完成本职工作远远达不到一个卓越的人对自己的要求。因为除此之外，他还必须明确自己的目标是什么，并对实现这一目标意志坚定，信心十足。

追求卓越的人能获得更多机会

尽量多做一些额外的工作，试着让自己变得更加出色，这样做的目的是为了寻求自身的进步而不是为了讨老板的欢心。不管是工作时还是闲暇时，始终不忘致富的信心和决心，这样，我们的上司、同事、朋友，每一个跟我们打交道的人都能感觉到我们身上所散发出来的意志的力量，他们会觉得我们一直在积极进取，并可以为自己和身边的人带来更多物质和精神财富。这样我们就能将更多的人吸引到我们身边来，而无数的机会也就这样出现在了我们眼前。如果我们对现在的工作不是特别满意，认为它离我们的愿望还有一定距离，那么，你要相信，要不了多久，你就能找到一份更好的工作。

如果你是一个不断进取的人，那么，只要你能按照这些致富的法则行事，那么，伟大的宇宙原始能量就会与我们一路同行，并把我们需要的机会源源不断地带到我们身边。“天道酬勤”，只要我们用“特定的方式”进行思考和行动，自然就会得到宇宙原始能量的帮助，因为对宇宙原始能量来说，最好的表达自身的方式就是帮助我们实现财富的梦想。

无论是工作的不如意，还是环境的束缚，都不能成为阻止我们获得成功和财富的因素。如果你现在在钢铁托拉斯中工作，却发现靠做这份工作根本不可能变得富有，反倒是经营一个面积10英亩的牧场可能致富。那么，不要着急，只要你能以“特定的方式”行事，终有一天你会脱离钢铁托拉斯的控制，去从事你想从事的农业或是其他任何行业，并逐步实现你的财富梦想。

假如那些大公司中数以千计的员工都能按照本书所讲述的“特定的方式”进行思考和行动，那么，要不了多久，那些老板们就会发现如果再不给员工们更多富有起来的机会，恐怕自己的公司就要倒闭了。如果你想留住自己的员工，就应该让他们看到希望，因为，只要他不是对致富一无所知，或太过懒惰不愿意付出，他就没必要一定依靠大公司生存。

只要我们有坚定的信心和决心，按照“特定的方式”行事，那么，会为所有人类提供服务的宇宙原始能量很快就会帮我们找到改善处境的机会，并把它带到我们身边。

但是，机会和人一样，都不可能是绝对完美的。所以，一旦你看到了能帮我们改善处境的机会，而且它确实很吸引你，那就紧紧地抓住它，勇敢地迈出第一步，只要肯迈出这一步，你就会发现更多更好的机会。

生活在这个世界上的所有人都有机会成为一个卓越的人。因为世间万物是因进取者的存在而存在，为进取者的幸福而运转的。这是浩瀚宇宙的根本法则。

积极进取的我们只要坚持按照“特定的方式”进行思考和行动，就一定能实现财富的梦想。那些依旧生活拮据的人们，请务必好好看看这本书，因为，它会给你希望、给你信心、给你行动指南。我们终将会变得富有！

第 16 章 财富的吸引力法则

The Science of Getting Rich

· 没有什么能束缚住有坚定致富目标的人。

· 集中精力才能所向披靡。

· 只有渴求得足够强烈才能成功。

思想决定成败

生活中，我发现许多人并没有认识到“致富是一门精确的学问”的深刻内涵。他们始终认为财富供给的总量是有限的，只有社会和政府体制有所改变，人民的生活才能变得更加美好，才有可能获得更多的财富。

但事实并非如人们想象的那样。

我们必须承认，时至今日仍有很多国家的人们仍然挣扎在贫困线上，但造成这种现象的本质原因并不在政府，而在于人们还没有学会按照“特定的方式”行事。

只要人们肯按照我说的这些做法来试着改变自己，那就没有什么能阻止他们致富，就连政府和经济体制也不例外。这是因为，不管什么体制都会随着时代的发展而相应地改变自身策略，概莫能外。

只要人们能以“特定的方式”行事，积极上进、信心坚定、目标明确，就可以摆脱贫困，走向富裕。

无论什么时候，无论在哪里，我们都有改变自己并按照这本书所提出的建议做事的权利。无论身处哪种政府的管理之下，我们都能使自己变得富有。假如人人都这样做，那么政府也不得不改变自己的体制，为我们打开通往致富的大门。

“竞争致富”，只会造成富人越富，穷人越穷的状况；而“创造致富”则完全不同，在这种法则的指引下，走向富裕的人越多，对后来者的帮助和指导就越大。

践行本书所提出的致富法则是广大民众摆脱贫困的唯一方法。践行法则的人数是与富裕起来的人数成正比的。先富起来的人对后来者起着示范作用，他们用自身的经历告诉他们如何致富，激励他们的斗志，让他们对富足生活满怀憧憬，帮助他们信心坚定地走上富裕之路。

你一定要明确一点，那就是，没有什么体制能阻止你实现自己的致富梦想，不管是政府体制、经济体制抑或是竞争机制都一样。

只有从心底里对“创造致富”表示认同才能走出竞争的误区，自由地遨游于财富王国之中。

我们要时刻秉承“创造致富”的原则，不能发生偏颇，更要警惕产生“财富的总量屈指可数，所以我们一定要和别人竞争才能致富”的想法，因为这种想法会使我们重蹈覆辙。

竞争性的思维会让宇宙能量离我们越来越远，所以，只要发现自己有重新坠入旧的思维模式的迹象，就要马上把自己拉回来，要时刻注意不让宇宙原始能量远离自己。

把全部精力集中在今天的事情上。

只要那些将来也许可能发生的事情不会影响我们目前的行动，就不要为了应付它而浪费我们宝贵时间和精力。只有今天的工作才是当务之急，才是我们应该集中精力做好的。至于将来可能发生的事情，就等将来再去解决好了。

如果不能确定将来可能出现的困难会严重到要我们必须改变现有的行动方案以避开它的程度，就不要总为它们费神。正所谓：船到桥头自然直。只要我们始终坚持以“特定的方式”思考和行动，那么，不管前方会有多大的障碍，等到你走到它面前时，就会发现它已经自动消失了。就算它没有消失，我们也一定能跨过它，继续踏上我们的致富之路。

没有什么能打败一个严格按照致富之路前进的人。**既然2加2永远等于4，就永远不会有遵循了致富法则，却得不到致富结果的事情发生。**

不要去担忧那些莫须有的、可能会出现的不利条件。就算未来它真的出现了，我们也有足够的时间和精力去应付它。世事往往如此，当困难降临到我们身边时，你会发现，原来相伴而来的还有解决它的方法。

留给人们不断进取的美好印象。

对我们的言行举止多加注意。不要用令人沮丧的语气来与别人谈论你和你的工作。

信心坚定，不要在我们的言谈中流露出失败的气息，不要总是想象那些可能会出现的失败。

不要因生活的困苦和生意的艰难而满腹牢骚，因为这些情形只会发生在那些通过竞争手段谋求致富的人身上，度日艰难、前景惨淡是他们早晚必将面临的生活。但对我们这些通过创造致富的人来说，则永远不必担心会有这一天出现，因为我们可以创造财富，所以，当他人陷入困境时，我们却能找到属于我们的良机。

坚定的信念必不可少

我们要时刻提醒自己：在这个飞速发展、不断变化的世界里，一切邪恶的事物其实都不过是还没有发展好，有待改进的东西而已。无论何时何地，都要给人以不断进取的印象，只有这样才能使我们信心坚定、毫不动摇。否则，就意味着抛弃了自己的信念，丧失了行动的动力，离成功越来越远。

永远不要气馁。也许我们常常不能在预计好的时间里得到自己想要得到的东西，从表面上看，我们好像是失败了，但其实并非如此，只要我们能够坚定信念，成功最后还是属于我们的。

虽然我们没能实现预期的目标，但只要能坚持按照“特定的方式”进行思考和行动，我们就能得到比预期的还要好很多的东西。

对目标的坚守，让你永远也不会迷失方向

真正的成功往往躲藏在表面的失败身后。

有这样一位读者，他对本书中所阐述的致富理论坚信不疑，而且现在决定要开始一桩看起来很有前景的生意。他对这桩生意满怀期待，所以在连续几周的时间内，他一直都在努力奋斗，可奇怪的是，每次一到关键时刻，他就会失败，那情形就好像有什么神秘的力量在拼命拖他的后腿一样，根本无法解释。不过，他并没有因此而灰心丧气，相反，他相信自己的选择，怀抱感恩之心继续工作。几周之后，他得到了一个更好的机会；一个让他没有任何理由继续坚持原来目标的好机会。经过这件事，他发现了远比自己要伟大得多的智慧的存在，也得到了避免因小失大的福分。

从上面的例子我们可以看出，只要你每天都能竭尽全力地工作，信心坚定、高效地完成每件事，并能用一颗真诚的感恩之心面对一切，那么，那些原本表面上看起来好像是失败了的事情就能以这样或那样的方式为我们带来好处。

假如我们失败了，那是因为我们的渴求程度不深、内容不多。记住，只要你继续坚持，就能实现你的最大诉求。

要有足够的自信，相信以我们的能力绝对能胜任自己喜欢的工作。因为即使你本身不具有工作中所需要的全部才能，也能通过照书中的建议行事的方式将其培养出来。

尽管本书并未像讲述如何致富一样将如何开发能力当成是本书的主题，但我们敢说，它一定和致富的学问一样简单可靠。

当你面临一份新工作时，不要担心自己能力不够，更不能打退堂鼓。只要你肯继续努力，毫不懈怠，那么，每当你迈上一个更高的台阶时，你就会发现自己已经具备了新的知识和才能。在这方面，最好的例子就是我们熟知并爱戴的亚伯拉罕·林肯（Abraham Lincoln）总统，他虽然出身贫寒，也没有受过什么良好的教育，但却凭借不断进取和百折不挠的精神获得了巨大成功。所以，只要你也秉承着这种精神，就不用再为自己是否有能力取得成功而担心。

满怀信心，坚定地走下去！

随身携带这本书，只要有时间就认真研读，直到书中所有的观点和理念深深地烙印在我们心中为止。我们应当减少一些娱乐活动，不让它干扰到我们的信念，还应当远离那些能接触到与本书相悖的理念的地方和那些论调悲观的或是观念与本书相悖的书籍；如果你想读一些致富类的书，那就尽量选择那些能验证本书观点的，除此之外，应把更多的闲暇精力用在研读这本书上，进而对自己的目标进行反复考量，并培养自己的感恩之心。所有我们应该掌握的致富学问都尽在此书中，接下来，我们要在下一章即最后一章中，对其中的重点和要点进行提炼和总结。

第 17 章 开启财富之门的钥匙

The Science of Getting Rich

- 对这些简单可靠的法则就是致富的学问这一点坚信不疑。
- 这些法则里蕴藏着智慧的力量。

1. 宇宙原始能量孕育出了世间万物，并用其最原始的状态充斥于宇宙空间中的每一个角落之中。与人类的需求相比，宇宙能量的供给是取之不尽、用之不竭的。

2. 因所依照的规律不同，运行于宇宙空间中的宇宙原始能量创造出了不同的运动过程或不同的物体。

3. 人类的思维能对宇宙能量产生一定的影响。只要按照“特定的方式”行事就能使我们的愿望更加清晰而具体，从而对宇宙原始能量产生更加深远的影响，使我们的致富之路走得更加顺畅。

4. 我们必须靠“创造致富”而不能靠“竞争致富”。只有这样，宇宙原始能量才能与我们达成和谐统一，无形的智慧才能为我们所用。

5. 我们应该怀抱虔诚的感恩之心看待我们所拥有的一切，并将这种心态长久地保持下去。只有这样，才能使宇宙原始能量与我们同在，在它的帮助下实现我们的财富梦想。

6. 对于我们想得到的、想要做的以及想成为的，我们的脑海中要有清晰而具体的图像。牢记这幅图像，同时发自内心地感谢上苍让我们拥有了这些愿望。在工作之余对这幅愿景多做思考，怀着虔诚的感恩之心憧憬着它的实现。

我再次重申：牢记内心的致富愿景，信心坚定，心怀感恩，这才是致富的关键所在。这是最重要的一条法则，再如何强调都不过分。因为只有这样，我们才能向无形的宇宙原始能量传递出自己的意愿，使其开启万能的创造力量。

7. 在现存的工业和社会秩序中，创造的力量通过自然增长的形式发挥着重要的作用。所以，只要你坚定信心，按照本书中所阐述的法则行事，就能通过现有的贸易或商业渠道实现我们的愿望蓝图。

8. 如果你不付诸行动，财富永远不会属于你。要想获得财富，就要积极而稳妥地迅速展开行动。现在，此刻，马上行动。

我们要保持信念坚定。

我们每天都要兢兢业业地工作。

我们要保持高效率的做事方式。

当你将信心放在自己身上时，你将永远充满力量

我们要努力进取，让自己成为一个卓越的人。

我们要在得到了我们想要的东西的同时，回报给别人多于他所需的价值。

让所有与我们打交道的人都认为我们一直在不断进取，作为回报，我们会从他们那里得到财富，这会使我们的信念更加坚定。

富有的生活属于那些肯亲自践行致富法则的人。

一个人的愿望越清晰、具体，信心越坚定、理念越扎实、感恩之心越虔诚，他得到的财富也就越多。

立刻行动起来吧，富裕的生活正在一步步地靠近你！

附 录

吸引力法则与财富的秘密

The Science of Getting Rich

一、吸引力法则

◎关注什么吸引什么

我们都知道阿拉丁神灯的故事。当阿拉丁捧起神灯，轻轻拭去灯上的灰尘时，一个巨人从灯里钻了出来。无论阿拉丁说什么，那个巨人总是重复一句话：

“您的愿望，就是我的命令！”

大概没有谁不想得到这样一盏神灯，但却不必费心向外界寻找。其实我们可以把阿拉丁看作世界上任何一个苦苦追求梦想的人，那么吸引力法则就是能帮人实现愿望的神灯。每个人的愿望，都会对吸引力法则发出指令，并最终变成现实。

吸引力法则和阿拉丁神灯一样，对我们有求必应。

吸引力法则其实非常简单，可以将其定义为“关注什么就吸引什么”，也就是说你内心最关注的事物最有可能出现在现实生活中，你最希望拥有的东西最后都会握在你的手里。

当然，这种观点可能会遭到其他人的质疑，看上去他们似乎也有不相信的充分证据：这个世界上人人都希望自己拥有财富、健康以及充实的生活，但并不是所有人都过上了幸福的日子。

事实的确如此，但这并不能证明吸引力法则的失效。因为当我们静下心来去分析那些最终未能如愿的人的想法时，就会发现他们并没有专注于如何去拥有那些他们希望得到的美好事物，而是专注于他们现在没有的那些事物。如果你相信自己会成为一个富有的人，你就会腰缠万贯，如果你担心自己将一直贫困下去，你就会始终是个穷鬼；一旦你坚信自己能够做成某件事，就一定会成功，如果你一直因为前途的渺茫忧心忡忡，就很难实现突破。

曾经有一位撑竿跳高的运动员，他一直苦练却无法跃过某一个高度。他失望地对教练说：“我实在是跳不过去。”

教练问他：“你心里在想什么？”

他说：“我一冲到起跳线，看到那个高度，就觉得我跳不过去。”

教练告诉他：“你一定可以跳过去。把你的心从竿上跃过去，你的身子也一定会跟着过去。”

他听从了教练的忠告，撑起竿又跳了一次，果然跃过了那个他曾经认为自己跳不过去的高度。

“跳不过去”的念头是这个运动员心中的瓶颈，他因此无法克服困难，粉碎障碍。当他得到教练的点拨，克服了内心的畏惧，坚定了“我能跳过去”的想法时，他果然就跳了过去。这是吸引力法则发挥作用的一个简单的例子。

当然，吸引力法则并不是“魔法”，任何人都不能单凭幻想实现梦想，也不能在不停的想象中得到物质财富和个人成就。成功的实现还需要其他方法的辅助，这些方法会与吸引力法则一起帮助你获得你想要的。但如果你连自己想要什么都不清楚，连自己未来会成为怎样的人都不曾设想，又怎么能指望幸福会主动降临呢?

总之，吸引力法则是自然的法则，它是科学的，而非神秘的巫术。为了早日实现你的财富预期或成功梦想，你应该认真学习这门学问。

◎欲望——获得财富的第一步

成功学大师卡耐基说："欲望是开拓命运的力量，有了强烈的欲望，就容易成功。"因为成功是努力的结果，而努力又大都产生于强烈的欲望。正因为这样，强烈的创富欲望，便成为成功创富最基本的条件。如果你不想再过贫穷的日子，就要有创富的欲望，并让这种欲望时时刻刻鞭策你、激励你，让你向着这一目标坚持不懈地前进。

许多成功者都有一个共同的体会，那就是创富的欲望是创造和拥有财富的源泉。

安德鲁·卡内基没有受过什么教育，年轻时只能干一些锅炉工、记账员、电报业务办事员等最底层的工作。虽然卡内基勤奋并且机敏，还是没有人相信他会取得什么非凡的成就。

但是，卡内基具有强烈的致富欲望。他在少年时代就立下誓言：赚钱成为大富豪。当时美国处于动荡的战乱年代，他的梦想被人耻笑，并被人称为"可笑的野心家"。但正是在这种强烈的创富欲望的激励下，卡内基最终登上了美国"钢铁大王"的宝座。

一个人如果拥有强烈的渴望致富，就会调动自己的一切能量去追求财富，使自己的一切行动、情感、个性、才能与致富的欲望相吻合。对于一些与创富的欲望相冲突、相矛盾的东西，他会竭尽全力地去克服、消除；对于有助于致富的东西，则会竭尽全力地去扶植、扩大。这样，经过长期的努力和调节，这个人就会成为一个他所渴望的致富者，使致富的欲望变成现实。相反，倘若致富的欲望不强烈，人们便很容易因为少许挫折而偃旗息鼓，致富的欲望也因此淡化或压抑下去。

很多成功人士的经历都可以证明，信心与欲望的力量可以将人从卑下的社会底层提升到上层社会，使穷汉变成富翁，使失败者重整雄风，使残疾人享有健康……欲望的力量就在于，它能使人在强烈的欲望冲动下，把那些不可能的事变成可能，把“自己不行”的卑微感彻底抛开，昂首阔步地走向成功。

强烈的欲望是符合吸引力法则的，当然，仅仅有欲望而不付诸行动也是不行的。每个人到了知道用钱的年龄时，都希望有钱。“祈求”不会带来财富，但是把“祈求”财富的心态变成坚定的信念，然后用计划明确的办法与手段去获得财富，并以永不言败的精神坚持这些计划，就能把欲望转变为财富。为此，你可以按照以下步骤行事。

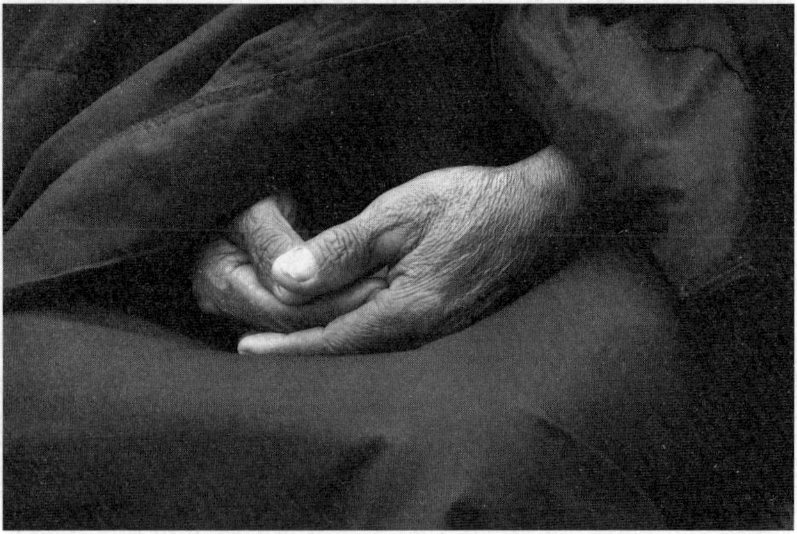

我们若凭信仰而战斗，就有双重的武装

第一步：你心里要确定你真正所企求的财富的数量目标，仅说“我要很多钱”是不够的，数目一定要明确。

第二步：思考为了达到企求的目标，你决心付出哪些代价（“不劳而获”的事情是不存在的）。

第三步：确定一个具体的日期，你决心何时“拥有”你所企求的目标。

第四步：拟订一个实现你欲望的明确计划，并且不论你是否已有准备，要立即开始将计划付诸行动。

第五步：将以上内容简明扼要地写下来，并写一份督促自己的誓词类的声明。

第六步：每天把这份声明大声地读两遍，一遍在晚上入睡前，一遍在早晨起床后。在你读这份声明时，你要想象自己已经拥有了这笔财富。

欲望只是获得财富的第一步，你需要遵照以上六个步骤的指示去做，特别重要的是，你要遵守和奉行第六个步骤中的指示。你也许会抱怨说，在你未实际达到这一目标之前，你不可能看见自己的成就和财富，但这正是“炽烈的欲望”能帮助你的地方。如果你真的十分强烈地希望拥有财富，进而使你的欲望变成了充满你大脑的意念，你将会毫无困难地使自己相信你会得到它。这样做的目的是要使你渴望财富，并且下定决心要得到它，最后你将使自己相信必会拥有它。

◎选择好的，不要吸引坏的

“并不是付出就能有回报，关键在于你选择了什么。选择什么，你就会得到什么。”这是美国哈佛大学名师约翰·艾勒斯先生经常说的一句话，这句话可以很好地诠释朗达·拜恩在《秘密》中提出的吸引力法则。

朗达·拜恩把吸引力法则总结为八个字：“同频共振，同质相吸。”也就是说同样频率的东西会产生共振，同样性质的东西会互相吸引，这也是一种物理现象，更能证明吸引力法则的科学性。共振和吸引都会使两个事物最终走到一起，所以当一个人头脑中想到的美好事物与自然界中的美好事物形成共振时，它们就会被吸引到一起，也就意味着你的想法变成了现实。同样，如果你的脑子里总是想一些不好的、消极的东西，这些坏念头就会把宇宙中不好的事物吸引到你身边。

因此，不论是在头脑中构想未来，还是在现实生活中实际选择，我们都必须谨慎对待，选择好的、积极的，不要吸引坏的、消极的。

杰克是美国一家餐厅的经理，他总是保持着非常好的心情。当别人询问他近况如何时，他总是有好消息告诉对方。

每次杰克换工作时，都会有许多服务生跟着他从这家餐厅换到另一家。员工们称杰克是个天生的激励者，他总有办法开导员工们发现生活中最美好的方面。

有人问他："很少有人能够一直保持积极乐观的心情，你是怎么做到的呢？"

杰克回答说："每天早上起床后我都会告诉自己，我今天有两种选择，可以选择好心情，也可以选择坏心情，我总是选择前者；当这一天发生了不好的事，我也有两种选择，从中学习、吸取经验，或者选择做个受害者、抱怨鬼，我仍然选择前者；有人跑来跟我抱怨，我仍然有两种选择，为他指出生命的光明面，或者陪他一起抱怨，我还是选择前者。"

生活中的大多数事情都像杰克所描述的一样，至少有两种选择。当你面对这些选择的机会时，不要犹豫，径直选择好的、光明

的，抛弃坏的、阴暗的，就很容易获得愉悦的心情、融洽的人际关系、柔和且高尚的灵魂，

人生就像一条曲线，起点的出生与终点的死亡是不能选择的，但这两点之间存在无数个选择的机会。有的选择严峻地出现在何去何从、前途未卜的十字路口，这是人生决定性的时刻；有的选择只是如路边的繁花或飞舞的蜂蝶，似乎只是生命的点缀，但无论是哪一种，你都要认真对待，勇敢驾驭，径直选择那更好的东西，并且坚持它。

在这里，“更好”的东西应该是对你有价值、有助益的。你当然可以选择例如众口称赞、权力地位或物质享受等你认为好的东西，但同时也得注意所谓的“好”还必须符合宇宙间的客观法则，只有这样，你才能集中精力去热爱那些真正适合和属于你的善的事物，并按照正确的理性行事。

◎从吸引小的事物开始

尘埃是肉眼能见的事物当中很小的一种。与这茫茫宇宙相比，它们太过微小，甚至可以忽略不计，但是它们却能够创造令人瞠目结舌的奇迹。尘埃汇聚，既可以筑成千年古堡，也可以成为万年堤

坝。埃及的金字塔，中国的长城，古巴比伦的空中花园，到处都有它们的痕迹。尘埃的价值，体现在它生命中的每分每秒，它们在沉默中证明着纵使再渺小的事物，也有其存在的价值。

吸引力法则可以让一切小的东西毫不费力地茁壮长大，也能让小小的缺陷构成致命的破坏。任何毫不起眼的小的事物，都可能对人们的生活产生巨大的影响。当你为你的人生制定了宏伟的蓝图时，不要急于追求最后的结果，那些伟大的梦想都不是在一天之内完成的。弗洛伊德曾说："人生就像对弈，一步失误，全盘皆输，这是令人悲哀之事；而且人生还不如弈棋，不可能再来一局，也不能悔棋。"谨慎起见，我们不妨从吸引小的事物开始。

梦想的力量总是由无到有，由小变大，由少到多，这中间需要一个渴望成功的人不断地努力与争取。

有一位牧师想建一座伊甸园一样的水晶大教堂，朋友问他预算，他坦率地说："我现在一分钱也没有，重要的是，这座教堂本身要具有足够的魅力来吸引捐款。"教堂最终的预算为700万美元。大家劝他放弃这个不可实现的念头，但他却固执地开始拟订自己的募捐计划。

牧师在心中构想了这座教堂的模样，甚至默默地计算出了大概需要多少根柱子，多少扇窗户。然后他拿笔在纸上写了9种募捐计划：寻找1笔700万美元的捐款；寻找7笔100万美元的捐款；寻找14笔50万美元的捐款；寻找28笔25万美元的捐款；寻找70笔10万美元的捐款；寻找100笔7万美元的捐款；寻找140笔5万美元的捐款；寻找280笔2.5万美元的捐款；寻找700笔1万美元的捐款。

思考之后，他觉得可能还是最后一种方案更加可行。他开始通过各种渠道进行求助宣传，希望那些富裕的人们能够捐出1万美元来帮他修建教堂，或者更少的钱也可以。他每天反复在头脑中想象着这座教堂的华美和庄严，并造了一座奇特而美妙的模型。30天后，他终于用这个模型打动了一位美国商人，得到了第一笔1万美元的捐款。

第40天，他收到了由一对老夫妇捐赠的第二笔捐款——2 000美元；第60天时，一位陌生人寄给他一张2万美元的支票。随后的三四个月中，他陆续收到很多捐款，数额不等，有几百美元，也有几十万美元。半年之后，一名捐款者对他说："如果你的诚意和努力能筹到600万美元，剩下的100万美元将由我来支付。"

第二年，他以每扇500美元的价格请求普通人认购教堂的窗户，付款办法为每月50美元，10个月分期付清，6个月内，一万多扇窗户全部售出。

十年后，可容纳一万多人的水晶大教堂竣工，成为世界建筑史上的奇迹和经典，这座水晶教堂的所有花费全部由牧师一人一点一滴募捐筹集。

当身边的人都认为700万美元是一个无法实现的天文数字时，这位牧师却坚持着自己的信仰，它把700万美元分解成数个更小的目标，然后将这些目标一一实现，终于建成了这座水晶教堂。吸引小的事物要比吸引宏大的事物更加容易，一根大头针很容易被磁铁吸引过来，但你不能奢望磁铁可以吸起一吨重的铁块。

凡是那些成功人士，都会把每一件小事看得很重要，这些小事实现起来比较容易，因此能给人信心，并促使人心中产生对未来更多更高的憧憬，而且很多小事也有重大的意义，它们可能会改变他人的看法，改变自己为人处世的原则，甚至改变自己的人生轨迹。

◎不要停留在对过去的回顾中

一味沉溺于过去对人们没有任何好处。对于过去发生的事情任何人都无能为力，又何苦因为不可挽救的遗憾郁郁寡欢呢?

过去的事情已经过去，无论成功或失败，无论得意或失落，都已成为昨天的记忆。明智的人，始终都能稳稳地掌控现在，而不会一直徘徊在无法挽回的过去中。过去的经验和教训、成果与辉煌都可以牢记于心，但人终归是要活在现在的。

科尔觉得非常沮丧，由于在工作中接连出现失误，他没能完成上司交代的一项非常重要的任务。后悔与落寞的心情像一条绳索捆绑着他的心。于是，科尔决定去拜访他的朋友查尔斯。查尔斯是一名出色的心理医生，科尔希望能从他那儿得到帮助。

在查尔斯的诊所里，科尔倾诉了自己的烦恼。查尔斯并没有直接告诉他解决的方法，而是拿出了一卷录音带，塞进了录音机里。

“在这卷录音带上，”查尔斯说，“有三位病人的倾诉。当然我不会告诉你他们的名字，但是你要注意听他们的话，看看你能不能挑出这三个案例的共同因素。记住，只有四个字。”

科尔仔细地听了起来，录音带里的三个声音听上去都不怎么快活。第一个是男人的声音，他因为遭遇了生意上的损失而备感烦恼；第二位女士因为长期照顾寡母，以至于一直未能结婚，她说自己在过去的十年间错过了很多次结婚的机会；第三位女士是位母亲，她的儿子在大街上与警察发生了冲突，正在接受惩罚，她因为没能管教好儿子而深感不安。

在这三个声音中，科尔听到他们一共六次用到四个字，“如果，只要”。

“你一定大感惊奇。”查尔斯说，“我每天会听到成千上万用这几个字做开头的内疚的话。他们不停地说，直到我要他们停下来。有的时候我会要他们听刚才你听的录音带，我对他们说：‘如果，只要你不再说如果、只要，或许我们就能把问题解决掉！’”查尔斯停了一下，继续说：“这几个字不仅不能改变既成的事实，还会使我们朝着错误的方向走——向后退而不是向前进，这只是在浪费时间。如果你用这几个字成了习惯，它们就会变成你成功的障碍，成为你不再去努力的借口。”

“现在就拿你自己的例子来说吧。你的计划没有成功，为什么？因为你犯了一些错误。那有什么关系！每个人都会犯错误，错误能让我们学到教训。但是在你告诉我你犯了错误，而为这个遗憾、为那个懊悔的时候，你并没有从这些错误中学到什么。”

“你怎么知道？”科尔小声地为自己辩解。

“因为，你没有脱离过去式，你没有一句话提到现在。”查尔斯说，“从某些方面来说，你十分诚实，你内心里还以此为乐。我们每个人都有一点不太好的毛病，喜欢一再讨论过去的错误。因为不论怎么说，在叙述过去的灾难或挫折的时候，你还是主要角色，你还是整个事情的中心人……”

在查尔斯的开导下，科尔终于意识到，自己沉浸在过去错失的阴影中，还没有真正走出自我，没能用积极的态度去改变现在的处境。

就像查尔斯所说，一味沉湎于过去而否认现在和将来的人，总是爱用“如果”这一类没有实际意义的词汇。但是所谓的“如果”并不存在，也不能给他们带来任何心灵的慰藉和现实的解脱，反而容易陷入“怀旧”的病态中。

患了这种“怀旧病”的人，会丧失追寻新生活的自信。这种沉重的情绪不仅不能改变过去，反而会影响现在。做完每一天的事，就让这一天过去吧！只要你已经尽力，尽管可能仍会犯一些错误，但不要总是记挂于心。

以前的事情或许是美好的，或许是悲哀的，但无论如何你都不能把它们放在心灵的主祭台上，因为你不可能走进历史。不要在对过去的回顾中耽搁了前进的脚步，应该以积极的态度开始每天的生活。每天都对自己说：“这是一个新的开始，今天才是最美好最重要的一天。”并在这种默念中忘掉昨日的忧愁，带着希望上路。

二、财富的秘密

◎每个人都拥有致富的潜能

每个人的身体里面，都潜伏着巨大的力量。只要你能够发现并加以利用这种力量，便可以成就你所向往的一切东西。如果能打开你心智的眼睛，看到你内在无限大的“宝库”，你会发现在你周围就有无限财富。从你内心的金矿中，你可以取得所需的一切东西，进而使生活变得幸福、愉快和丰富。

世界上有很多平凡的人，他们体内同样有着巨大的潜能，但这些能量需要被人唤醒。一块有磁性的金属可以吸起比它自身重12倍的东西，但是如果除去它的磁性，它甚至连一根羽毛也吸不起来。人也是如此。有磁性的人从出生之时就意识到了自己的潜能，他们充满了信心，知道自己天生就是个胜利者、成功者；而另一种没有磁性的人，则充满了畏惧和怀疑。机会来时，他们却说："我可能会失败，我可能会失去我的钱，人们会耻笑我。"所以，他们只能停留在原地。

人们应该争取成为有磁性的人，因为掌控你生命走向的力量就在你的体内，它也是亘古以来人们成功或致富依靠的主要力量——潜能。励志大师马丁·科尔讲过这样一个故事：

亚历山大图书馆被烧之后，只有一本书保存了下来，但这本书破破烂烂，看上去并不是一本很有价值的书。一个识得几个字的穷人花了几个铜板买下了这本书。书的内容很无趣，但是穷人却在其中发现了一个令他兴奋的东西——一条记载着"点金石"的秘密的羊皮纸。

点金石是一块小小的石子，它能将任何一种普通金属变成纯金。根据羊皮纸上的文字，穷人得知点金石就在黑海的海滩上，和成千上万与它看起来一模一样的小石子混在一起。普通的石子摸上去是冰凉的，但真正的点金石摸上去很温暖。

于是，这个人变卖了他为数不多的财产，买了一些简单的装备，在海边扎起帐篷，开始寻找点金石。他知道，如果他捡起一块普通的石子并且因为它摸上去冰凉就将其扔在地上，就有可能几百次地捡拾起同一块石子。所以，当他摸着冰凉石子的时候，他就将它扔进大海里。

他这样找了一整天，却没有捡到一块温暖的石子。他又这样找了一个星期、一个月、一年、三年，还是没有找到点金石。

有一天上午，他捡起了一块石子，这块石子是温暖的，但是他随手就把它扔进了海里。

其实我们也和这个人一样，有多少次我们已经触摸到了这种巨大的力量却没有认出它？有多少次这种巨大的力量就握在我们手中而我们却把它扔掉了？仅仅是因为我们习惯了某种状态，并在这种惯性中丢掉了最重要的东西。

美国学者詹姆斯根据他的研究成果说：“普通人只发展了他蕴藏能力的1/10。与应当取得的成就相比较，我们不过是在沉睡。我们只利用了我们身心资源很小的一部分，甚至可以说一直在荒废。”人的潜能就像故事中的点金石一样需要人们去发现、去开掘，一旦发现它，你就能瞬间拥有财富，这种巨大的能量一旦被引爆出来，将带给人无穷的信心和能量。

◎让思想的天平倾向富裕的一端

杰克·坎菲尔是《心灵鸡汤》图书系列的策划者之一。他得到的第一张百万支票上画着一个笑脸，那是他的出版商付给他的《心灵鸡汤》第一集的版税，之所以画这个笑脸是因为这也是这位出版商开出的第一张百万美元的支票。

杰克以前是个穷人，他甚至认为一直生活在贫穷中才是自己的人生。直到他的同事克莱门·斯通告诉他，他也可以成为富人。

按照斯通教给他的方法，杰克对自己说："我想在一年内赚10万美元。"虽然他并不清楚怎样做才能实现这个目标，但是他还是按照斯通所说的，每天重复这样的话，并让自己相信一年后这个目标就会成为现实。除此之外，他还把一张纸钞改成10万美元贴在了天花板上，每天早上醒来，他第一眼就会看到这张纸钞，并想起自己的目标。

很快，杰克的思想完全被这10万美元占据了，他甚至一点都没想起自己当时年收入只有8 000美元的现实。就这样过了大约一个月，某天杰克突然想道："如果我能把已经完成的第一本书卖出40万本，我就能得到10万美元的收入。"但是他仍然不知道如何才能卖出这40万本书。

一天他去超市时看到了货架旁的《国家询问报》，他想：如果能让这份报纸的读者知道这本书，一定会有40万人来购买它。

这个想法虽然很不错，但杰克连一个与这家报社有关的人都不认识。他依然每天抬头看天花板上的10万纸钞，直到6个星期后的一次演讲之后，一位女士走过来要求采访杰克，杰克接过她的名片发现她居然是为《国家询问报》写报道的自由作家。

就这样，杰克实现了赚10万美元的梦想。在此之后，他又用同样的方法实现了赚100万美元的想法。

这是《秘密》中所讲述的一个真实的故事，杰克一心专注于赚10万美元的梦想，并最终实现了它。这个故事令《秘密》的作者非常感兴趣，他们甚至在《秘密》的网站上提供空白支票，让人免费下载，以把自己的财富梦想写在上面，每时每刻关注它。

当杰克只想到自己贫穷的现实时，他一直都是个穷人，一旦他开始憧憬富裕的生活，并坚信自己一定能通过某种方式获得财富时，他真的成功了。这充分说明了当人们的思想倾向于富裕的一端时，就能改变困境，获得财富。这就是吸引力法则在财富领域发生作用的证明。

一个人如果想要吸引金钱，就应该专注于富裕，如果他成天到晚想的都是自己的不足，都是自己没有足够的钱去买一样东西，就不可能得到比当时更多的财富，已拥有的金钱甚至也会因此流失，因为这时候他头脑中都是消极的想法，也会将宇宙中那些“不足”的信息吸引过来；如果把注意力集中在金钱的充裕上，它就有可能变成现实。

◎“给予”将把更多金钱带入生命

在《秘密》中有一条很重要的财富法则，那就是舍财得财。与他人分享金钱，全心给予是最美好的事情之一，所以世界上那些很有钱的人大多都是伟大的慈善家。当他们捐出庞大的钱财时，实际上是对自己也是对宇宙说：“我有很多。”

他们怀着这种想法并将财富给予他人，依据吸引力法则，他们会由此得到乘以数倍的财富的回馈。其实，那些富人大多在获得足够的财富之前，就已经自觉地按照舍财得财的法则做事了。

一天夜里，已经很晚了，一对年老的夫妻走进一家旅馆，他们想要一个房间。前台侍者回答说：“对不起，我们旅馆已经客满了，一间空房也没有剩下。”看着这对老人疲惫的神情，侍者又同情地说："但是，让我来想想办法……"

后来，好心的侍者将这对老人引领到一个房间，说："也许它不是最好的，但现在我只能做到这样了。"这间房子虽然比较小，但是又整洁又干净，老人很满意，就愉快地住了下来。

第二天，当他们来到前台结账时，侍者却对他们说："不用了，因为那个房间其实是我自己的，所以你们不用付钱给我——祝你们旅途愉快！"

老人这才知道，原来这位侍者自己一晚没睡，在前台值了通宵夜班。

他们十分感动，说："孩子，你是我们见过的最好的旅店经营人。你会得到报答的。"侍者笑了笑，说这算不了什么。他送老人出了门，转身接着忙自己的事，并很快把这件事情忘了。

不久之后，这名侍者接到了一封信函，打开之后，里面竟然有一张去纽约的单程机票，并有简短附言，聘请他去做另一份工作。他乘飞机来到纽约，按信中所标明的路线来到一个地方，抬眼一看，一座金碧辉煌的大酒店耸立在他的眼前。

原来，几个月前的那个深夜，他接待的是一个有着亿万资产的富翁和他的妻子。富翁为这个侍者买下了一座大酒店，并深信他会成为一名优秀的酒店管理者。

这个侍者，就是全球赫赫有名的希尔顿饭店的首任经理。

常言道，“送人玫瑰，手留余香”。这名年轻的侍者并没有多余的房间，但他宁肯自己通宵不睡，也希望这对老人能够在劳累的旅途中得到很好的休息。正是这种给予的精神使他最终得到了获得财富与地位的机会。

给予，即是爱。它比占有、获取更容易吸引财富，因为它传达出的是充足富裕的信息。

给予的方式有很多种：有条件的，无条件的；有限的，无限的；忘我的，为我的；精神的，物质的；等价的，不等价的；先给后取的，先取后予的。精神的理解与鼓励，物质的互相馈赠都可以作为给予的内容。只要你向外传递的是积极的、善的信息，给予就会比接受带来更多的财富和幸福，就像莎士比亚所说：“慈悲不是出于勉强，它像甘露一样从天降下尘世，它不但将幸福给予受施的人，也同样将幸福给予给予的人。”

内在的财富才是永远的财富

◎内在的财富才是永远的财富

现代社会的大多数人追求的大都是物质上的财富，但如果你仔细思考就会发现：这些东西不一定是我们最好的选择。

金钱固然是得到幸福的途径，但并不是通往幸福的唯一选择。如果一个人把金钱当作了幸福的全部，那么他看似占有着财富，实际上他已经被财富控制了，他会穷尽一生追求金钱，永远不会感到富裕和满足；然而，如果他能参透人生的真谛，有节制有原则地追求和享用金钱，不再贪恋功名利禄——人与物质世界联系的纽带——就能真正地摆脱穷困感。

生活中还有很多能够给我们带来幸福感的东西：比如亲善的行为、高洁的品质、觉醒的灵魂、无欲无求的人生态度，这些内心的财富比物质的充盈更容易让人满足。

一位成功的商人去世之后留给了妻子数亿美元的家产，但是这位老妇人却过着孤独寂寞的生活。她很少出门，终日里表情严肃，家中的佣人甚至从来不敢抬头看她。

某一天，当老妇人坐的车经过纽约百老汇的一家鞋店旁边时，她透过车窗看到一个小男孩正站在橱窗外，那背影似乎都能流露出某种专注。一瞬间，似乎有种神奇的魔力攫住了老妇人的心，于是，她让司机把车停在路边，下车走了过去。

这是一个寒冷的冬日，这个10岁左右的小男孩光着脚，隔着橱窗呆呆地往里面看，身子因为寒冷而不住地颤抖。

老妇人走近男孩，问道："小家伙，你这么认真地在看什么？"

"我曾经请求上帝赐给我一双鞋子，我想知道这里面有没有。"男孩回答。

看着男孩脚上的冻疮，老妇人心中一动。她牵起他的手，走进店内，让店员给男孩拿来半打袜子，然后她又问店员，可否打来一盆热水，再拿一条毛巾。店员欣然照办了。她把小家伙带到店堂后面，脱下手套，跪下，将男孩的脚放进热水里，为他洗脚，然后用毛巾擦干。

这个时候，店员拿着袜子回来了。女士取出其中一双为孩子穿上，又为他买了一双鞋，再把剩下的几双袜子包起来交给男孩。

在鞋店门口，老妇人拍着小男孩的头说："亲爱的孩子，你现在觉得舒服一点儿了吗？"

当她正要转身离去的时候，小男孩在后面拉住了她的手，抬头注视着她的脸。

他的眼中含着泪水，用颤抖的声音问这位女士："你是上帝的妻子吗？"

刹那，长久以来面无表情的老妇人突然落下了眼泪。

这位老妇人不过做了一件特别简单的事情，却被纯真的孩子称为"上帝的妻子"，对于她来说，这是多么令人心酸却又幸福的事啊！

如此看来，那些把自己拥有的财富仅仅当作个人财富的念头是多么愚蠢。耗尽一生精力追求而来的物质财富并非只是为了个人的享受，与其在临死之时带着遗憾而去，不如在有生之年把这些物质的财富转化为内心的珍宝。镌刻在棺木上的珍珠玛瑙远不如一句赞美的墓志铭更有意义！每个人都只是物质财富的管家，作为管家只要做到物尽其用就好了。因为如果不让金钱发挥作用，那么它们就会白白从你手中溜过，不留一点痕迹。所以如果你拥有足够的财富，你大可以在冬天向一个赤脚的孩子送上一双能够保暖的新鞋，你失去的是对自己来说微不足道的一点金钱，得到的却是他人的感恩。

一个认清了生命本质的人从不会热衷于囤积财富，对他来说，工作的目的只是为了有所建树而已。这样的人知道外在的财富都是过眼浮云，而内在的财富才是永远的财富。精神与物质两者孰重孰轻？是追求万贯家财还是寻求内心的宁静？只有参透人生的人才能给出适当的答案。